东方新经济
DONGFANG XINJINGJI

まるわかり！AI開発最前線2018

完全读懂
AI应用最前线

日经BP社／编　费晓东／译

人民东方出版传媒
People's Oriental Publishing & Media

东方出版社
The Oriental Press

目　录

第 1 章

从零开始学习
人工智能的制作方法

人工智能程序的定义并非一成不变

如今，人工智能（Artificial Intelligence: AI）已经迎来了第 3 次热潮。

本篇，我们首先学习人工智能的定义、分类和历史，然后介绍人工智能程序的实践方法。

学习了本篇后，何为人工智能，如何与人工智能打交道并将其灵活运用等问题将迎刃而解。

如今，人工智能已经迎来了第 3 次热潮。随着计算机信息处理技术的不断发展，人工智能再次受到广泛关注。

笔者在人工智能第 2 次热潮的时候，参与了人工智能机之一的 LISP 机的研发工作。当时，大批的知识工程师（knowledge engineer）如雨后春笋般涌现。我亲身经历了第 2 次热潮的兴衰，对第 3 次热潮的到来感慨颇深。

第 1 次 AI 热潮	第 2 次 AI 热潮	第 3 次 AI 热潮
萌芽期	初创期	发展期
（1956 年至 20 世纪 70 年代前期）	（1980 年至 20 世纪 90 年代前期）	（20 世纪 90 年代后期至今）
人工智能的诞生	专家系统的兴盛	机器学习（深度学习）的流行
•各种人工智能程序的研发	AI 专用机的兴盛	计算动力的充实
•以符号处理为中心	机器动力的充实	•人工智能的多目的化
1956 年	•联结主义	•智能化、智能移动设备
人工智能诞生	（人工神经网络的反	•自动驾驶登场
（达特茅斯会议）	向传播）的确立	
1958 年	1981 年	1997 年
LISP 登场 1966 年	第 5 代计算机登场	深蓝战胜国际象棋冠军
对话型自然语言处理程序 ELIZA 登场		
1968 年		2011 年
计算机代数系统 Macsyma 登场		沃森在智力节目中获胜
1972 年		2016 年
专家系统 Mycin		阿尔法狗战胜职业选手

人工智能热潮历史

那么，我们应该如何对"人工智能"进行定义呢？从哲学的角度来说，或许我们要从"智能到底是什么"这个问题着手对上述难题进行解答。但是在这里，我以一个工程师的身份提出这样一个问题，即"人工智能的程序与普通的电脑程序在哪些地方存在不同呢"，与大家一起思考。

一眼看去完全不知都在做些什么

首先，如果被称为人工智能程序的话，那就与那些简单甚至无知的程序有着本质性的区别。另外，其自身的运算法则等能够被轻松识别的程序，当然也称不上人工智能程序。

相反，一些复杂的运算法则，能够自动发生变化的运算法则，以及虽然简单但是使用了多种控制数据的运算法则等，我们无法理解具有这些法则的程序是如何执行的。所以，一眼看去它们颇像智能。

处理像大数据一样的大量数据的时候，在那种非定式的处理模式情况下，程序是如何被执行的，对我们来说也是很难理解的，这看上去也像智能。

也就是说，所谓人工智能程序必须具备的最基本条件就是，一眼看去完全不知都在做些什么。换句话说，依据可预测执行过程的定式的运算法则做出来的程序，称不上人工智能程序。

人工智能程序是容易发生多种变化的，随着控制变量的不断增多，我们很难预测出其变化模式。这一点也是人工智能程序的必要条件。

普通的程序

- ·执行定式操作的程序
- ·依据简单的条件变化而执行的程序
- ·无变换的程序
- ·简单且控制变量少的程序

人工智能程序

- ·执行非定式操作的程序
- ·无法预测执行模式的程序
- ·多变换的程序
- ·复杂且控制变量多的程序

人工智能程序的必要条件

例如，在将棋（日本象棋）游戏软件中我们可以编写前瞻 5 步棋的程序，这对只能前瞻 3 步棋的真人玩家来说，好像游戏程序拥有超凡的智能，感觉比自己强多了，看起来也就像人工智能程序一样吧。但是，利用乱数方式编写的程序，虽然其运行方式不是一成不变的，但是并不能称为人工智能程序。这是因为由乱数方式产生的运算比较简单，很容易就会被识破。

认真地来定义一下充分条件

前面所讲的人工智能程序的定义，只是提到了被称为人工智能程序所需的最低限的必要条件，还没有涉及充分条件。

实际上，人工智能的充分条件，业界至今也没有一个公认的说法。即便是给出定义，也不见得能够获得所有人的认同。但是，如果没有一个定义的话，我们无法展开接下来的内容，在此，我们聚焦实用人工智能程序，尝试对其充分条件进行定义。

我的定义如下：“能够模仿具有专业知识的人的行为的程序。”也就是说，人工智能程序以某一特定领域的专业知识为数据库，进而模仿使用这些专业知识的专家的行为。

这个定义虽然有些大胆，但是还是很实用的，它可以比较容易地帮助我们估算人工智能程序的成本及效果。在上述定义里之所以使用“专家”这个词，主要有以下考虑，即当我们在讨论人工智能所能解决的问题的范围时可能会遇到很多问题，例如后面将要提到的影格问题。当遇到这些问题时，使用“专家”这个词可以帮助我们不必过多地去注意它们，能够很好地理解并处理这些问题。

使用专业知识
模仿专家行为

人工智能程序的充分条件（稍微大胆一些的定义）

一味的机器学习称不上人工智能

接下来，我们从研究开发领域的视角介绍人工智能的分类。

时下，"机器学习"学科以及该学科组成部分之一的"深度学习"颇为流行，当然，仅仅靠这些还算不上人工智能。除此之外，还有很多的人工智能领域，各个领域都有众多的研究与开发在不断地向前推进。

过去，当我们刚刚接触"人工智能"一词时，"人工智能 = 符号处理"这一命题还是成立的，人工智能就只是符号处理。随后，人工智能发展到符号处理以外的研究领域，符号处理的人工智能也就被远远地甩到了后面。因此，作为人工智能最初的分类，我们可以尝试将其分为"符号处理的人工智能"和除此之外的"非符号处理的人工智能"两大类。

符号处理	非符号处理
公式处理 **自动推理** 　　通过计算机进行自动推理 **自然语言处理** 　　以英语和日语等自然语言为处理对象，进行翻译或者抽出摘要等操作	**模式识别** **（图像 / 音声 / 文字等）** 　　分析大量的模式，通过模式匹配来识别对象 **机器学习** 　　依据程序的执行结果进行机器学习，得出更加精确的结果

符号处理用
程序语言

人工神经网络、模糊控制、
遗传算法

人工智能的分类

在此，我们首先将就"符号处理"的概念进行说明，在了解其概念的前提下，对以符号处理为基础的上述分类进行具体阐述。

符号处理（Symbolic Processing）里的"符号"一词出自算术语言、程序语言以及自然语言，在此我们对其进行严格定义。

一般情况下我们所说的"符号"，其意思一定是明确的，不会存在于模棱两可的文脉中。符号是可以严格地进行定义化的。

例如，假设有一个表示名字的符号"NAME"，作为其具体的数值，我们设定一个表示个人名字的符号"GOMI"。那么，我们就可以命名，"NAME"是一个以个人名字为具体数值的符号。

将这些符号在各种情境下进行处理的过程我们称之为符号处理。例如有方程式"$x+y=2$"，我们在对其求解时会用到计算机代数系统（Computer Algebra System），这个计算机代数系统便是符号处理的一个应用领域。该系统是直接套用公式进行置换，或者通过因式分解、微分等形式将公式变形，进而对多元方程式或者微分方程式进行求解。

另外，自动证明定理的"自动推理"，将电脑程序转换成可以执行的机器语言的编译程序，将用自然语言书写的"I love you"翻译成其他语言的"机器翻译"等，都是符号处理的应用领域。

在程序语言的世界里，并不是对数值进行直接处理，而是为了进行符号处理，制造了符号处理专用的程序语言。例如程序语言"LISP"，便是作为一种符号处理的语言于20世纪60年代开始被广泛使用的。

毫无疑问，如今的人工智能是在以符号处理为基础的人工智能的基础之上发展而来的。前面我们提过，在过去"符号处理＝人工智能"是成立的，但是现在，符号处理领域的编译程序等方法都已经确立，我们也就不称其为人工智能了。然而，自然语言处理以及其中的机器翻译、假名汉字转换等，仍然是人工智能所涉及的领域。

符号处理时所使用的程序语言里，必须设计能够对符号进行直接处理的命令。例如，前面提到的程序语言 LISP 和"PROLOG"里，符号（象征）是最基本的数据类型，是可以直接进行操作的。

一般的程序语言里，并不是直接处理符号，而是以字符串的形式进行符号处理。最近，在这些程序语言里，也开始涉及像Token这样具有代表性的程序。我们就是使用这些程序语言，编译符号处理的人工智能程序。

前面提到的编译程序，即确立了递归下降分析方法的算法，也制作了生成"lex"和"yace"等编译程序的编译方法（编译生成器）。同样，已经确立了比较简单的公式处理和定理自动证明等方法的领域，也将逐渐地不被视为人工智能领域。

现在，像这样的符号处理的人工智能，以自然语言处理等领域为中心，各种研究以及开发等正在如火如荼地进行。符号处理的人工智能也被称为"古老而优秀的人工智能"或者"正统派人工智能"，这也体现了对过去的人工智能的一种怀旧之情。

威胁符号处理的"影格问题"

符号处理的人工智能有一个缺点，就是"不能按照常识进行推理"。符号需要严密地定义后才能处理，因此事前必须仔仔细细、毫无遗漏地将所有信息以符号的形式进行定义。

比如，我们以让孩子跑腿去买东西为例来思考一下这个问题。"拿100日元，去文具店，买一块橡皮回来"，即便像这样简单的命令（字符串），也需要严密地赋予它尽可能多的文脉信息。

这一问题我们就称之为"影格问题（Frame Problem）"，也就是如何设定人工智能涉及对象的影格（框架）问题。

"拿100日元，去文具店，买一块橡皮回来"，要处理这个命令，需要先决定到哪一部分为一个影格，而这是一件非常困难的事情。例如，"文具店"和"橡皮"的定义，文具店营业开始、结束的时间，到文具店的路径、天气、路况等是否放入影格，这些问题都必须要考虑。

在符号处理过程中，将符号严密定义，按照事先设计好的算法自上而下（Top Down）处理，因此便会产生这样的影格问题。对于没有融入模仿与学习概念的符号处理的人工智能来说，影格问题的产生是必然的，问题的解决也是困难的。

何为非符号处理的人工智能

接下来，我们再看一下人工智能的另一个分类"非符号处理的人工智能"。

模式识别是非符号处理人工智能领域之一。所谓模式识别，是指通过分析大量的模式并进行学习，以所获取的信息为基础进行模式辨认来认识所要研究的对象的一种技术。

符号处理是自上而下的处理模式，与此相反，模式识别则是自下而上（Bottom Up）的处理模式。

模式识别里运用了文字识别和图像识别技术。人脸识别、虹膜识别、指纹认证、手语、动作识别以及音声识别等都是模式识别的具体例子。

例如，在机器翻译中，与采用自上而下处理模式的符号处理人工智能不同，非符号处理人工智能会分析大量的翻译事例，通过模式识别进行翻译。

模式识别以及机器学习时会用到各种技术，例如人工神经网络、模糊控制、遗传算法等，这些技术也是支撑目前人工智能的主流技术。

这里的"机器学习"，是指将人的学习行为搬到计算机上进行。也就是说，通过在计算机上运行程序，以运行结果（经验）为基础获取更好的结果。人工神经网络便是机器学习的一种，是将人的神经网络回路在计算机上进行模拟的一种计算模型。

有人认为，符号处理中产生的影格问题，可以通过使用人工神经网络技术加以解决。与人工解决影格问题一样，人工神经网络也是通过收集大量的模式并对其进行分析、学习，进而确定哪一部分是影格内，哪一部分是影格外。

目前，非符号处理的人工智能逐渐成为主流。虽然如此，还是建议大家能够将二者进行比较，随机应变，选择并利用最合适的人工智能形式。

（五味弘，冲电气工业）

符号还是非符号，这才是问题的关键所在

"人工智能"一词，听起来就像一种适用于各种场合的万能工具。但实际上却并非如此，人工智能也有适用和不适用的场合。

人工智能是多种技术的集合，有其擅长与不擅长的领域。本篇中，我们将学习灵活运用人工智能的技巧。

人工智能并不是万能的，人工智能也有其适用和不适用的场合。另外，因为人工智能种类的不同，也有其擅长和不擅长的领域。

前一篇里，我们尝试对人工智能进行了分类。本篇里，我们将介绍灵活运用人工智能的技巧。前面我们已经提过，人工智能可分为"符号处理人工智能"和"非符号处理人工智能"两大类。

符号处理人工智能，将"符号"进行严密的定义，采用自上而下的处理模式。与此相反，模式识别等非符号处理的人工智能，并不会对符号进行严密的定义，而是收集并分析大量的模式，以获取的信息为基础采取自下而上的处理模式。

两者最大的区别在于，符号处理人工智能产生的"影格问题"，容易成为其实用化时的一大障碍。

影格问题，是人工智能直面的难题之一，关系"人工智能的研究对象到底能够扩展得多广泛"这一问题。特别是符号处理人工智能，在解决了符号所能覆盖的范围这一问题后，必须要面对影格问题这一难关。

另外，在对待学习概念上，两者也存在着不同点。符号处理是通过规则（限制）来管理世界，然而非符号处理有一个默认的前提，就是通过学习能够提高信息识别的准确度。

根据这些不同点，我们来考虑应该如何灵活运用人工智能，并介绍相关技巧。

符号处理人工智能与非符号处理人工智能的对比

	符号处理人工智能	非符号处理人工智能（例：模式识别）
符号的定义	可以严密定义	收集并分析大量的符号模式
处理的方向	自上而下	自下而上
影格问题	难以解决	通过模式学习可能解决（例：人工神经网络）
学习	将规则（限制）总结统一	通过学习提高认识的精度

能否将"规则"明确化是问题的关键

什么情况下适合使用符号处理，什么情况下适合使用非符号处理呢？

灵活运用人工智能最简单的判断标准就是，能否将约束处理过程的"规则"明确化。例如，我们可以考虑，能否将规则用 if 句式进行表示。也就是说，能否使用总是重复相同操作的决定论式操作将规则表述出来。这时候，"古老而优秀的人工智能"便能派上用场。

但是，在规则根本无法描述的情况下，或者即便是可以描述却是非常复杂且奇怪的规则时，更适合使用模式识别等非符号处理技术。

如果是识别系列的处理过程的话，如字义所示，更适合使用模式识别技术。另外，在需要导入机器学习的情况下，也适合使用模式识别技术。

灵活运用的另一个判断标准，就是前面所提到的影格问题。在影格问题可能产生的情况下，也就是说在文脉或者状况复杂的情况下，单纯的符号处理是有一定难度的。

即便是在没有文脉的情况下，当规则非常多，而且规则间的关系异常复杂的时候，放弃使用符号处理应该是明智之举。

还有一种灵活运用的方法，就是将二者混合使用。在某些部分使用符号处理进行自上而下的处理，在其他部分使用非符号处理进行自下而上的处理。这一方法也是实际可行的。

说到这里，如果对究竟使用哪种人工智能还是犹豫不决的话，那就干脆先尝试一下符号处理，行不通的情况下再使用非符号处理。

符号处理与非符号处理的区别

在公式处理的大多数情况下，规则明确且不复杂，而且不需要文脉等信息，因此更适合使用符号处理。另外，程序语言的处理系列（编译程序、解释器），同样也是更适合使用符号处理。

日英翻译等机器翻译里，既有基于规则的翻译（符号处理），也有基于事例（数据库）的翻译（模式识别），两种翻译各有长短。基于数据库的翻译较为接近人的翻译，但是收集并分析数据库是一项庞大的工程，如果不能很好地完成该步骤，之后便会出现不合理的模式识别，致使翻译结果偏差过大。

音声识别和图像识别里，"如果出现这个波形的话，就是'あ'"这样的规则很难明确表示，因此更加适合使用模式识别。再比如将棋，如果是明确使用评价函数应该使用符号处理，但是让机器学习评价函数的话，又比较接近非符号处理。

强人工智能与弱人工智能

到目前为止，我们将人工智能分为符号处理人工智能与非符号处理人工智能，并进行了相关介绍。接下来我们再来介绍一下其他的分类方法，即"强人工智能"和"弱人工智能"。

强人工智能	弱人工智能
⇒ 有"智能"，"凭智能推理"	⇒ 无"智能"，"机械式"推理
⇒ 近于人的"意识"	⇒ 近于机器
⇒ 使用范围广泛	⇒ 适用于特定范围

强人工智能与弱人工智能之间的不同点

强人工智能，是将人拥有的所有智能进行严密的定义，按照人的思维进行推理的人工智能。也就是以人类为模仿、研究对象，钻研人工创造的智能并对其进行定义，赋予人工智能以人类的意识。强人工智能就是对这一过程进行模仿（或者说是创造）的结果。

在街头巷尾，我们有时会听到有人议论"奇点（Singularity：技术奇异点）来了"等人工智能，这也就是我们这里说的强人工智能。强人工智能全方位模仿人，由此我们可以想象到它的应用范围也是相当广泛的。

与此相对，"弱人工智能"与智能的定义并无关联，只是机械式地进行推理的一种人工智能。强人工智能的极小一部分包含了弱人工智能。

弱人工智能，可以说是在某一个特定领域里才能发挥作用的一种人工智能。例如，没有学习概念融入的简单的将棋思考程序便是弱人工智能，这种思考程序也只是在将棋对弈游戏中才会发挥作用。

多数的符号处理人工智能，都是弱人工智能。人工神经网络以及遗传算法等进化过的算法，都是在模仿人的智能思维，因此在这个意义上，这些技术有可能发展成为强人工智能。

但是，仅仅使用了人工神经网络或者遗传算法还称不上"强"。实际上已经开发出来的人工智能，大半都是以只采用了便利且有用的技术的弱人工智能为目标的。笔者也认为，考虑到实用性问题，采用弱人工智能就已经足够了。

人工智能的"工作"有三项

这里，我们再尝试从功能，或者说是"工作"的视角对人工智能进行分类。

人工智能的工作大致可分为"识别""搜索""推理"三项。搜索和推理虽然属于不同的工作，但是二者同时实施的情况比较多。另外，识别与搜索，或者识别与推理，又或者识别与搜索与推理同时实施的处理也是常见的。

识别，在人工智能中也是属于比较大的领域。识别处理可以说是非符号处理人工智能的"主战场"。为了进行识别处理，使用最多的技术便是模式识别技术。识别的对象很多，主要包括音声、图像、动作、手语、脸、手写文字、指纹、虹膜等。我们细心研究人是如何识别这些对象的，从而让计算机能够模仿人的识别行为。另外，计算机病毒的程序模式等新的识别对象也正在逐渐增多。

在现实世界里，到处都有符号的存在。在浩瀚的符号海洋中，谈论我们所寻求的东西，也是人工智能的一项重要工作，并且在这个领域占有重要的份额。如果是使用普通的程序进行搜索的话，搜索对象的组合就会像指数函数一样增长，最终会无法完成搜索。

大多数情况下，推理和搜索同时被实施一种处理模式。在海量的推理规则中，如何搜索最合适的规则，并且灵活运用该规则进行推理便成了问题的关键所在。定理自动证明就是推理一个典型的运用例子。

推理，多是基于古典理论学或者代数学，也有运用模糊推理（Fuzzy Inference）和贝叶斯推断（Bayesian Inference）进行推理的。模糊推理，是在真和伪之间设定一个中间状态（模糊规则），由此，便可进行比较模糊的推理。贝叶斯推断，是通过使用贝叶斯概率来进行推理的，而贝叶斯概率以统计处理为基础。

人工智能"工作"的分类

如果是一台机器人的话，比起图像识别和音声识别，它会根据周围的状况以及指令来推理接下来应该采取什么样的行动。搭载安卓系统的终端设备或者浏览器软件"Chrome"的语音助手"OK Google"都是应用例子。例如在日语环境下，通过音声识别可以实现假名与汉字之间的转换，进而搜索网络上的各种信息。并且通过推理还能做到对搜索结果进行排序，将最有用的信息排在最前面。

通过对识别、搜索、推理三大功能的合理组合，人工智能可以模仿出与人非常相似的各种行为。

人工智能的过去、现在、将来

我们介绍了人工智能的分类以及灵活运用的技巧。各种技术以及功能都可以用人工智能一次来进行总结说明，相信大家对这一点也有了一定的感受。

那么，"人工智能"一词到底是在何时何地产生的呢？

今天，人工智能迎来了它的第 3 次热潮，其实它已经经历了一段相当长的历史。为了能够更加深刻地理解人工智能，我们先回顾人工智能的发展史，然后探讨它的未来发展趋势。

首先，我们需要将历史追溯到人工智能尚未产生的时代。早在 17 世纪，法国哲学家勒内·笛卡尔就提出了"机械论"观点，并得到了广泛的支持。笛卡尔认为，他的机械论观点能够对智能做出一定程度的解释。

机械论认为，包括人在内的所有自然现象都只能用决定论式的因果关系来解释。虽然说人的智能可以做出各种极为复杂的行为，但是机械论也同样认为，这些只能用决定论式的因果关系进行解释。也就是说，根据机械论的观点，人工式的智能是可以人为地制造出来的。

20 世纪 40 年代，人类发明了计算机。1956 年，人工智能的研究进入了萌芽期。在这个时期，美国数学家沃尔特·皮茨与神经心理学家沃伦·麦卡洛克开始了人工神经细胞网络相关的研究，这项研究为后来的"人工神经网络"技术打下了坚实的基础。

20 世纪 50 年代，阿瑟·塞缪尔等美国科学家开发了西洋跳棋、将棋游戏程序。这也促进了人工智能游戏的快速发展，并为人工智能的诞生创造了良好的条件。

同样是在 20 世纪 50 年代，英国数学家阿兰·麦席森·图灵发明了"图灵测试（Turing Test）"。图灵测试，可以判定某一个程序是否是人工智能。测试者通过电传打字机等设备，确定被测试者（机器）是人还是机器，如果无法做出判断，那么就认定该机器为人工智能。

1956年，在人工智能发展史上是具有重要意义的一年。就在这一年，美国科学家约翰·麦卡锡发起了世界上首次人工智能的国际学术研讨会"达特茅斯会议"。所以，1956年，可以说是"人工智能的诞生年"。

达特茅斯会议在美国达特茅斯学院持续召开了长达1个月的时间。这次会议期间，发表了由麦卡锡等人于1955年联合起草的提案书，提案书中首次使用了"人工智能（Artificial Intelligence）"一词。

下一篇里，我们将介绍达特茅斯会议以后获得迅猛发展的人工智能的历史，以及其间的几次发展低谷。

（五味弘，冲电气工业）

人工智能发展史：热潮与低谷交替出现，螺旋式向前发展

人工智能的历史是"热潮"与"低谷"交替出现的历史。

发展热潮中充满了无限的期望，但是事与愿违，它迅速走向了衰败。

热潮与低谷的发展史，为人工智能的实用化提供了积极性的参考。

本篇里，我们将讲述人工智能第 1 次热潮和低谷以及第 2 次热潮初始阶段的历史。

人工智能发展史（20 世纪 40 年代—20 世纪 70 年代前期）

1956 年的达特茅斯会议上，"人工智能"一词登上了历史的舞台。之后，各种人工智能程序陆续登场，人工智能迎来了第 1 次发展热潮。在这个时期，人工智能软件"Eliza（伊莉莎）"引起了很大的反响。

Eliza，是最早的与人对话程序，从 1964 年开始，由德国科学家约瑟夫·魏泽堡主持编写。当时，使用了专门的编目处理语言"SLIP"进行程序开发，之后的程序开发则是由 LISP 主导进行的。

Eliza 有各种各样的对话例子，其中最著名的例子就是模仿心理医生的

心理辅导。被测试者都认为与自己对话的是心理医生，丝毫没有怀疑网络对面的是一台机器。

Eliza 通过模式匹配与概念词典技术模仿与人对话的程序。它就是之后被称为"聊天机器人（chatterbot）"程序的原型。

聊天机器人，虽然是可以模仿人类对话的程序，但是却没有融入人工智能的技术，只是表面上看起来像是双方的对话是成立的。从这种并无才能的角度出发，它也经常被称为"人工无能"。聊天机器人多是利用简单的词汇识别和概念词典编程的。

当然，也有人主张"像 Eliza 这样的聊天机器人（人工无能）并不是人工智能"。它既没有对智能进行定义，也没有依据智能进行推理，因此至少不能称之为研究并模仿人的智能的"强人工智能"。

另外，聊天机器人是利用简单的模式匹配和概念词典编程的，它的行动模式是能够被人推断出来的，它看起来就像以 if 句式区别意思的决定论式的程序。

但是，以 Eliza 为代表的聊天机器人（人工无能），让世人开始了解人工智能，并促进了自然语言处理的迅猛发展，这也体现了它们的巨大贡献。我们至少可以称它们为初级阶段的人工智能。

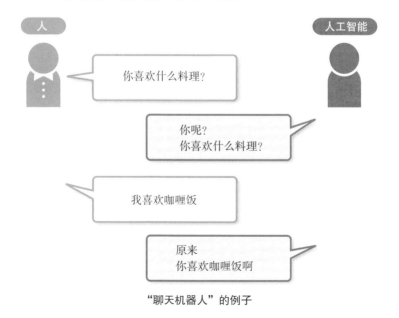

"聊天机器人"的例子

处理的不是数值而是公式

在人工智能发展的第 1 次热潮里，还有一个需要介绍的程序，那就是通过符号处理获得更加严密的计算结果的"计算机代数系统"。比起简单的数值计算程序，该系统可以得到更加严密的计算结果。

"Macsyma"，是人工智能发展初期的具有代表性的计算机代数系统之一，该程序能够处理多项式以及不定积分。

Macsyma 是在 1968 年以 William A. Martin 为首的科学家研发的一套系统，是以 LISP 语言编写，并融入了启发法的问题解决方法。启发法，是通过探索最接近最优解的近似最优解的方法来得出问题的答案，而不是搜索所有可能的答案，从而得出最优解。

另外，"Reduce"也是该时期具有代表性的计算机代数系统，是由Anthony C. Hearn 于 20 世纪 60 年代开发编写的。现在，已经开放源代码，研发活动仍在进行中。Reduce 程序利用 LISP 编写，可以处理不定积分。

Macsyma 问世之后，计算机代数系统取得了很大的发展，美国沃尔夫勒姆研究的"Mathematica"、日本莎益博工程系统的"Maple"等都是之后研发出来的系统。

如前所述，Macsyma 和 Reduce 都是利用 LISP 编写的，因此我们也可以说 LISP 作为人工智能的汇编语言发挥了巨大作用。反过来也可以说，计算机代数系统就像一个 LISP 的巨大的应用程序，LISP 处理系统需要将这些程序成功运转起来。

其公式处理方法用的是启发法，完全不同于只是基于 if 句式的决定论式的程序。它至少可以称得上是一个模仿专家思考行为的"弱人工智能"。

$$y = \int x^2 dx$$

$$y = \frac{1}{3} x^3$$

计算机代数系统的例子

人工智能诊断并确定病因

继聊天机器人和计算机代数系统之后，在人工智能发展的第一次热潮期间诞生的还有专家系统这套程序。

专家系统，正如其名，它是一套将人类专家的知识和经验变成数据形式，然后通过数据进行推理的系统。

初期的专家系统中比较有名的是"Mycin"系统，它是由以美国科学家Edward Shortliife 为首的团队在 1970 年初期研发的。Mycin 系统是通过与患者进行人机对话的形式来诊断病情，也是利用 LISP 来编写的。它拥有 500多条规则，可以进行较为简单的推理。

它的特点是，导入了被称为"确信度"的系数这一概念来判断诊断的准确度。但是也有人主张，导入这一概念容易给推理过程造成一定的干扰。

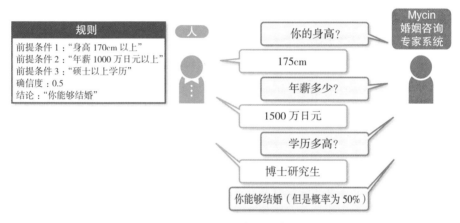

Mycin 婚姻咨询的专家系统例子

专家系统，不仅在第 1 次人工智能热潮中得到发展，在第 2 次人工智能热潮中也继续流行。

人工智能的瓶颈初现端倪

在第 1 次人工智能发展热潮中诞生的各种人工智能程序，只是进行简单推理的程序较多，在发展过程中，瓶颈也就逐渐地显现出来了。

早在第 1 次发展热潮之前，马文·明斯基和西摩尔·派普特着手的人工神经网络研究就指出了人工智能发展可能出现的瓶颈问题。具体来说，由输入系统和输出系统组成的简单感知器，作为人工神经网络的一种形式，无法解决"不可分的问题"。

在这里我们不做详细说明，但是线性不可分问题的确在很多地方都存在，它也显示出只是导入了简单感知器的人工智能的弊端，这也导致了世人对人工神经网络的期待急速地降低。

最近流行的多层人工神经网络（深度学习模型），随着学习运算法则的不断进化，线性不可分的问题也逐渐被解决。这一点我们将在后面的篇章里做详细解释。

经历"低谷时代"，进入第 2 次发展热潮

人工智能发展的第 1 次热潮，从 1956 年一直持续到 70 年代前期。这一时期研发的专家系统等人工智能系统，因受到计算机处理性能的制约，只能处理一定数量的规则，并且是在特定的领域、特定的环境下才能够发挥作用。

人们在对人工智能充满期待的同时，对研发出来的缺乏实用性的系统也充满了失望，因此，国家以及企业在人工智能方面的预算也越来越少。这一时期，也就是 20 世纪 70 年代后期被称为人工智能发展的"第 1 次低谷"。

但是，进入 20 世纪 80 年代后，人工智能很快再次迎来了新的发展热潮。

本次发展热潮的主角是在第 1 次发展热潮时诞生的专家系统。因处理美国迪吉多公司（DEC）的 VAX 系统的各种订单并取得非常成功的专家系统受到广泛关注，各 IT 供应商迅速导入专家系统。

人工智能发展迎来第 2 次热潮，最大的一个原因在于计算机性能的大幅提高。进入 20 世纪 80 年代，基于复杂规则的专家系统也可以在计算机上运行。由此，逐渐实现了专家系统的商业性使用。

随着专家系统的兴盛，制定专家系统运行规则的工程师也被称为"知识工程师"，并且一时间成为炙手可热的职业，就像在今天，数据科学家这个职业相当流行，受到人们的追捧。

知识工程师的主要工作是听取用户的业务内容并对其进行分析，从中抽出明显的规则与隐藏的规则，然后进行分类。

当时，科学家们研发出了各种专家系统。初期的各种专用专家系统大都是利用 LISP 编程，随着技术的革新，慢慢地发生了变化，通用的引擎部分依然利用 LISP 编程，规则部分则是知识工程师利用外部数据进行编程。并且，用 LISP 编程的引擎部分，利用 C 语言进行编程的开发研究也已经展开了。

专家系统的编程由专用 LISP 语言向普通的 C 语言过渡，该系统也变成了一般的程序员编写的一般系统，其新意也就逐渐淡化了。

由此，专家系统也就从人工智能程序变成了决定论式的普通程序。随着这一变化，专家系统的作用效果也变得非常明确，但是其发展瓶颈也开始显现出来。

人工神经网络的发展

在人工智能发展的第 2 次热潮中，人工神经网络也发生了很大的变化。

第 1 次发展热潮时，马文·明斯基等就已经指出，仅凭简单的人工神经网络还有很多无法解决的问题。

为了解决这一大难题，多层化的人工神经网络开始受到关注。但是，如何实现多层人工神经网络的自我学习，还没有一个固定的模式。

之后，被称为反向传播（Backpropagation）的算法问世，打破了这种僵局的持续。反向传播是人工神经网络的一种自我学习算法，基于这种算法，多层人工神经网络的机器学习实现了定式化。该算法通过在输入层和输出层之间设定一个中间层（隐藏层），以反向传播的方式实现机器的自我学习。

基于反向传播的形式逐渐形成固定的模式，人工神经网络的发展也进入了兴盛期。线性不可分的问题也开始得到解决，人工智能也实现了进一步的发展。

在人工智能的第 2 次发展热潮时，笔者有幸参与了作为人工智能机的 LISP 专用机的研发工作。LISP 专用机，也就是一种被称为 "AI 工作站" 的新型计算机。当时，各企业都争相研发各种人工智能专用机，一时间，形成了一股热潮。

人工智能专用机诞生之初的价格大约在 1000 万日元，之后价格急速下降，使得人工智能专用机在一定程度上得到了普及。

在人工智能专用机上运行的程序就有专家系统。可以在人工智能专用机上直接编写专家系统，也可以先编写通用的专家系统，然后再将各种规则编入系统中。

（五味弘，冲电气工业）

人工智能发展的未来目标："铁臂阿童木"！

伴随着硬件设备的发展，人工智能发展几经兴衰，随着专家系统的商品化，第 2 次发展热潮也迎来了结束期。

作为第 3 次发展热潮主角的"深度学习"，也终将走向商品化。

技术的发展与停滞交替出现，未来的人工智能也必将变成"强人工智能"。

20 世纪 80 年代后期，人工智能第 2 次发展热潮进入了平缓期。本篇将解读第 2 次发展热潮的末期及低谷期，以及第 3 次发展热潮和人工智能的发展趋势。

在第 2 次发展热潮中，人工智能专用机和专家系统取得了一定的成功。但是，随着技术的商品化，本次发展热潮也迎来了结束期。

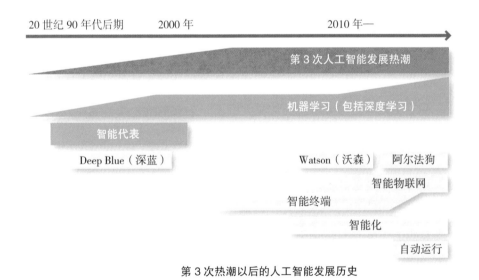

第 3 次热潮以后的人工智能发展历史

发展初期，专用的专家系统大都是利用 LISP 编程，随着技术的革新，通用的引擎部分依然利用 LISP 编程，规则部分则是知识工程师利用外部数据进行编程。并且，用 LISP 编程的引擎部分，利用 C 语言进行编程的开发研究也已经展开了。

随着编程语言由 LISP 发展成 C 语言，作为 LISP 专用硬件而研发的人工智能专用机，其优越性也逐渐淡化。但是，人工智能专用机的性能，没能像一般的计算机那样每年更新，最后也只有退出历史的舞台。

专家系统逐渐变成使用一般的 C 语言就可以编写的普通程序，充分考虑其功能和极限，做到适才适所。至此，对专家系统的需求告一段落，人们也就不再追求新的专家系统了。由此，人工智能就再次迎来了新的发展低谷。

到此，我们介绍了全球范围的人工智能第 2 次发展热潮末期的历史。在介绍日本的第 2 次发展热潮末期历史时，我们不得不提"第 5 代计算机"。

第 5 代计算机，作为日本国家工程项目于 1982 年正式启动，其目的是尝试研发作为专用机的推理计算机。该项目聚集了日本众多优秀的研究者，作为一个国家攻关项目，政府也投入了大量的资金。

但是实际上，如此大投入研发的计算机，在人工智能第 2 次低谷时期的 1992 年左右已经不被世人所关注，其主要原因就是没能研发出具有划时代意义的应用程序。当时，没有应用程序装备的机器完全不被看好。

虽说第 5 代计算机的研发没有取得完全的成功，但是通过这次项目研发，积累了很多有关人工智能的重要经验，为之后的人工智能研究做出了很大的贡献。

终于迎来了第 3 次发展热潮

20 世纪 90 年代前期，"人工智能"一词已不再是什么新鲜概念，国家在资金投入方面也是后续乏力。但是，到了 20 世纪 90 年代后期，计算机性能的飞跃性发展，为人工智能第 3 次发展热潮的到来提供了条件。

20 世纪 90 年代，让程序设计自律分散协调模式运行，即"面向代理的程序设计"这一概念正式出现。在人工智能领域，面向代理的程序设计被作为智能代理处理，使得各种人工智能程序（智能代理程序）自律运行，让分散的代理能够协调运行，所以该模型得以流行。

智能代理的观点，赋予了个别小的人工智能更大的意义，成了人工智能第 3 次发展热潮的重要支撑。

之后，深度学习（基于深度学习以及多层人工神经网络的机器学习）得以流行，并取得了巨大成果，切实地将人工智能带入了第 3 次发展热潮。

现代社会，人工智能被用于多种场合，各人工智能协调运行变成更大的人工智能系统。例如，像智能手机一样，融入人工智能的"智能终端"遍布我们的生活。

将人工智能系统导入企业系统，我们称之为"智能化"，各种智能终端设备以及智能化系统协调运行，构成更大的人工智能系统。

很快，智能终端以及智能化技术被导入物联网（Internet of things），这也被称为"智能物联网"。

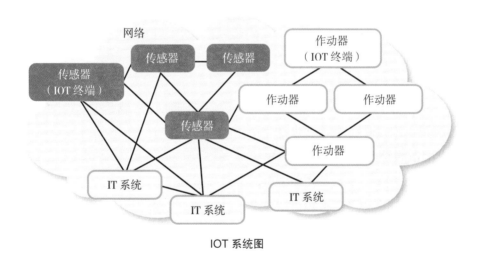

IOT 系统图

人工智能战胜世界冠军

1997 年，国际象棋电脑深蓝（Deep Blue）打败了世界象棋冠军。深蓝并不是具有划时代意义的人工智能程序，而是使用所有手段让计算机进行搜索，也就是使用"蛮力搜索（brute-force search）"来寻找最优解。

本次对弈结果引起了很大的反响，让更多的普通大众开始重新审视并关注人工智能。当时，人工智能已经开始进入第 3 次发展热潮，深蓝的胜利，无疑成为将人工智能全面推向第 3 次发展热潮的导火索。

当时，除了国际象棋游戏以外，在日本象棋、围棋等游戏中，人工智能还无法与势力强大的人类选手相抗衡。在那种情况下，深蓝的胜利，无疑给从事人工智能的科学家们，当然也包括笔者本人带来了巨大的鼓励。

很多人也都憧憬着，总有一天，在象棋、围棋游戏中，人工智能程序也将战胜人类的世界冠军。

2011 年，世人对人工智能的关注一度被推到了最高点。在美国的智力问答电视节目中，IBM 研发的问题回答系统"沃森（Watson）"战胜了人类冠军。这一大新闻也被视为人工智能划时代意义的胜利。

沃森，通过自然语言的深度学习，对各种文脉进行理解并加以处理，从收集到的大量信息中进行搜索，从而寻求最佳答案。沃森并没有导入最新的人工智能算法，因此沃森的胜利无疑是人工智能的一次伟大胜利。

阿尔法狗的胜利

2015 年 10 月，围棋电脑"阿尔法狗（AlphaGo）"战胜了欧洲顶级的围棋选手，一时成为热门话题。并且在 2016 年 3 月，又战胜了被认为是世界排名首位的韩国选手。

阿尔法狗，导入了基于多层人工神经网络（deep neural network）的评价函数，并将评价函数与蒙特·卡洛树搜索（Monte Carlo tree search）相结合，寻找最合适的下棋步法。通过不断的强化学习，提高评价函数的精度。

"蒙特·卡洛树搜索"是一种将蒙特·卡洛方法改良的树搜索算法，可以深度搜索有利于自身棋局的方法。它是随机选择各种下法，直至棋局结束，通过不断地重复这一过程，确定获胜次数最多的下法。

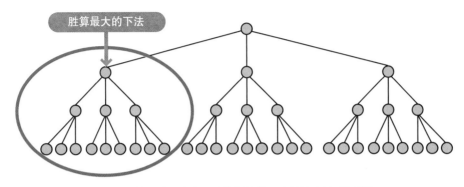

胜算最大的下法

随机下棋直至棋局结束，胜算最高的下法被认为是"好棋"。

蒙特·卡洛树搜索简图

阿尔法狗，并不是科学家把评价函数编入程序，而是机器不断强化学习，并把强化学习的结果作为评价函数。

深蓝通过蛮力搜索的算法打败国际象棋的世界冠军，阿尔法狗则是通过机器学习战胜专业的围棋选手。这些案例为之后机器学习的流行提供了条件。

深度学习的大流行

如今，不仅在人工智能领域，而且在整个计算机领域，机器学习以及作为机器学习的一种形式的深度学习都受到追捧。走进书店，在计算机相关书籍区域，我们可以看到大量的机器学习的书籍。

另外，和"Python"相关的书籍也迅速增多，已是随处可见。"Python"，是在具体执行机器学习时经常使用的一种程序语言。

Python 是以小的语言文本和强大的库为特征的面向对象程序设计的解释器语言。它具有能动性的编程风格，是一个函数型、面向对象型、面向过程型的多重编程范式。

深度学习，就如我们之前说明的，3层以上的多层人工神经网络学习，才能称得上深度学习。因为其特征为3层以上的多层，也就被称为深度学习。

但是，深度学习要花费巨大的计算成本，因此就需要一个高速的微处理器。现在，一般会采用 GPU（图像加工微处理器）进行计算。GPU 聚集并列推理式的画面显示，善于并列推理，适合用于深度学习的计算过程。

目前，深度学习在通用的"强人工智能"领域的应用备受关注，今后也必将在各个领域得到广泛应用。

人工智能将走向何方

到此，我们介绍了人工智能的发展历史。人工智能在多次发展热潮中的关键性突破都与计算机硬件性能的发展有关。

计算机技术，今后也必将继续发展进步。如果计算机处理速度达到现在的 100 倍，那么将有更多新的人工智能程序实用化。

大数据以及物联网，都是与人工智能亲和性很高的技术。大数据，将以往的数据库无法处理的更加庞大的数据以及没有一定规律的数据导入人工智能，通过机器学习发挥作用。物联网，是保证大数据持续生成的基础。人工智能，连同大数据和物联网，今后也将继续广泛运用于各种场合。

与硬件技术相比，软件技术和计算机算法的发展幅度较小。多层人工神经网络以及智能代理，有很多成果受到世人的瞩目，但是，从技术方面考虑，并无太大的技术革新。

就像专家系统发展成为普通的程序一样，包括深度学习在内的机器学习，在不久的将来也可能发展成普通的程序。随着硬件技术的继续发展，必将产生新的人工智能技术，我们期待能够出现新的人工智能发展热潮。

社会发展对人工智能有着非常大的期待，各种机器以及计算机都融入了人工智能系统，社会对人工智能的期待也越来越高。

例如，汽车的无人驾驶技术在不久的将来可能需要导入我们的生活中。这项技术属于某一特定领域的技术，属于人工智能领域的"弱人工智能"，我们相信在不久的将来便可实现实用化。

"强人工智能"通用化的实现是人工智能研究领域一个永久性的课题。有人认为，到 2045 年，人工智能将超过人类智能，这也被称为"2045 年问题"。

我们先不管人工智能是否能够超越人类智能，强人工智能的实用化，单靠计算机技术的发展还是很难实现的。人工智能将来要进入新的发展热潮，也必须要有新的技术革新才有可能实现。

以此为目标，研发制作像"铁臂阿童木"一样的装备有强人工智能的机器人，是否可以认为是人工智能发展的未来目标呢？

（五味弘，冲电气工业）

将棋程序采用的人工智能技术

人工智能（AI）程序的使用案例有将棋游戏。将棋游戏是学习 AI 基础知识的最好载体，众多玩家可以理解游戏规则，参与游戏。

基于 AI 的实用化，理解面向对象的优点和缺点，编写兼具高速性和扩展性的程序是关键。

将棋程序，是学习人工智能最合适的载体。因为，让电脑学习将棋的下法，需要导入从传统的符号处理人工智能到现在的机器学习等各种技术。还有一个很重要的原因，那就是将棋非常贴近我们的日常生活，也为科研开发带来了乐趣。

因此，作为人工智能程序的一个案例，科学家们开始尝试开发将棋程序。

在各种游戏中之所以选择将棋，并不仅仅是因为日本人非常喜欢将棋，主要是因为将棋种类繁多，有本将棋，还有迷你将棋，而且玩家可以从各种难度中选择适合自己的棋局。在人工智能程序讲座中，让初学者学习将棋游戏程序再合适不过了。

我们首先来大体了解一下将棋是一个什么样的游戏。将棋与国际象棋和围棋一样，不受所谓运气的影响，在有限的对弈次数内必有一人获胜，一人战败，也被称为"二人零和有限确定完全信息游戏"。

因此，在将棋游戏的人工智能程序中，需要人工智能处理的项目不会无限制地增多，也就是说不容易发生我们前面所提到的"影格问题"，这是它的一大优势。它的这一特点也可以保证研发者集中精力研究电脑的思考程序以及各参变量。

将棋游戏作为人工智能的应用案例得到大众的广泛认知。但是，一般情况下，"首先制作将棋游戏程序，经论证人工智能技术最适合应用于该游戏，最终将人工智能技术应用于开发的将棋游戏中"，应该是一个正常的思考逻辑。人工智能，应该是开发优秀系统的一个手段，而不应该把导入人工智能本身作为一个最终目的。

人工智能的高速发展

初期的项目研发中，焦点并不在人工智能的思考程序上，而是依据将棋的规则，考虑棋子的位置和走势，从简单的将棋棋盘程序研发开始。这样，首先能够实现人与人之间的游戏对战。

有人可能会质疑，不是一直在说人工智能程序吗，为什么要先从将棋棋盘程序的说明开始呢？那是因为，要研发需要前瞻数步棋局的人工智能程序，高速运行的将棋棋盘程序是基础支撑，是不可或缺的重要部分。

将棋初级者一般可以前瞻 3 步棋局，高级者可以前瞻更远，专业选手甚至可以前瞻 10 步以上的棋局。与人类的棋手一样，将棋的人工智能程序也是执行"前瞻"命令。

众所周知，在将棋游戏中，某一棋局可能采取的棋子走法的最大值为 593 步。也就是说，前瞻 3 步棋局搜索所有的棋局走法时，最大值就是上述步法的 3 次方，以此类推，前瞻 10 步棋局时的最大值就是上述步法的 10 次方，需要搜索相当庞大数量的棋局。在实际的人工智能程序中，会采用各种手段来缩小棋局的搜索范围，即便如此，还是需要进行数量庞大的棋局搜索工作。

每搜索一步棋局的走法，就必须调出管理棋子位置和走法的将棋棋盘程序。将棋棋盘程序的处理速度不快，就会导致在有限时间内能够搜索的棋步数量减少，也就成了我们说的弱人工智能。这一逻辑不但适用于将棋的人工智能程序，同样适用于其他所有搜索性的人工智能程序。

虽说如此，如果一味地追求高速性，最大限度地对程序进行调整，那就意味着要牺牲程序的扩展性，这也会极大提升研发工作的难度。

因此，我们基于面向对象程序设计，编写扩展性高的程序，要在此基础上考虑高速性问题，充分发挥将棋棋盘程序的作用效果。

将棋棋盘"类"设计

将棋棋盘程序上的组成部件，首先有棋盘，棋盘上有棋子，持驹台上有持驹。然后是先手还是后手的手番、所下棋局、手顺（棋谱）。

将以上部件融入程序，编写将棋棋盘程序。具体做法，将棋子部署到将棋盘或者持驹台上。管理对弈双方和手番，按照玩家的下法移动棋子，不允许两步犯规。

刚提到的这些名词，都是面向对象程序设计中所谓对象（object）的候选。这里的对象是指各种数据的集合体以及各种操作的一体化。面向对象的程序设计，就是以对象为中心来进行编程的。

基于"类"的面向对象程序设计，将对象所代表的具体的值抽象化，让其变成一个载体，我们称之为"类"，以"类"为基础进行编程。例如，我们将"7 六步"这一走法的对象抽象化，可以编写一个"走法"的"类"。

将棋棋盘程序中，"将棋盘"与"棋子""持驹台""持驹""走法""棋谱""玩家""手番"都是"类"的候选对象。

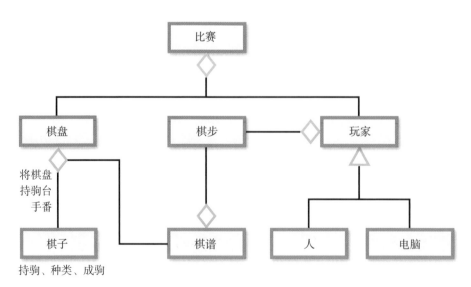

将棋棋盘程序的 UML 类图

像这些将棋棋盘上的"类"，在面向对象程序设计中，用业界的话来说又被称为"实物类"。这里说的实物类，即便是面向对象程序设计的初学者也能够简单地掌握。

面向对象程序设计中最为困难的工序是制作并不存在于现实生活中的抽象的"类"，这也是让初学者容易犯难的地方。例如，我们需要制作管理将棋游戏进程以及胜负判定的"赛事类"，还需要制作管理将棋棋盘与持驹台、手番一体化的"盘面（棋局）类"，这些都是抽象的"类"。

另外，从具体化的观点来看，我们可以把玩家细分为"人类玩家"和"电脑玩家"，都需要制作不同的"类"。如前页图所示，菱形表示"所属"的关系，例如棋盘下有棋子和棋谱。三角形表示"是"的关系，例如电脑玩家是玩家（的一种）。

制作盘面和棋子、走法

接下来我们再稍微详细地说明一下将棋棋盘程序的制作。前面我们简要地提到了"类"的设计制作，这里我们尝试制作一下其中的盘面和棋子、走法的"类"。

首先，我们基于面向对象程序设计来思考实际的编程。将棋棋盘是以 9×9 的格局划分的，棋子可以置于方格之内。使用 Java 编程，将棋盘面作为 2 次元的棋子分配棋盘，我们可以编写成"Piece [] [] board = new Piece [9] [9];"。这里的 Piece 就是棋子的"类"，board 是指除了持驹台等的 9×9 的盘面。

除了制作上述的专用棋子的类（Piece）之外，还有一种方法就是将棋子的信息使用整数类型（int）的数值来进行描述。在人工智能程序中，会反复多次进行计算，特别是使用频率高的数据一般不会采用"类"的概念进行编写，而是采用 int 类型进行处理，原因也在于其处理数据的轻便性上。

那么，与棋子的"类"相比，我们来说明一下使用 int 类型的实际编程。Java 的 2 次元阵列，因其是阵列的阵列（不规则阵列、Jagged Arrays），运行速度较慢。为了让运行速度高速化，要将 9×9 的盘面作为 1 次元阵列进行设计，我们可以编写成 "int [] board = new int [9 * 9] ;"。这样的话，与前面一个程序相比，运行变得简单，速度也实现了高速化。在这里，不采用 byte 类型而是采用 int 类型编写程序，是因为 int 类型虽然对内存的消耗比较大，但是一般情况下其演算速度要远快于 byte 类型。

同样，对持驹台上的持驹以 1 次元阵列进行编程。与 9×9 的盘面（board）相结合，制作盘面的 "类"，并将手番（先手、后手）也编写进去。

最后，我们再编写走法的 "类"。将棋棋谱上出现的走法，是由像 "5 八金" "5 三银成" 这样表示落子地方和棋子、成驹还是不成驹等组成的。

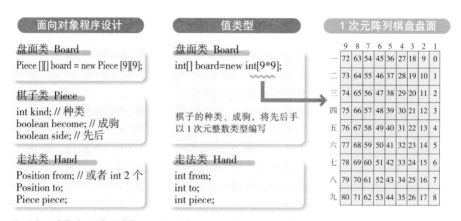

将 "盘面类" 与 "走法类" 用面向对象程序设计进行编程的例子、用值类型进行编程的例子

我们只要简单地知道了移动源和落子地方，以及是否成驹等棋子的种类，即便是不适用棋盘信息也可以决定棋局的下法，也就是我们说的 "类"。将棋子用 int 类型编写，将 9×9 的盘面以 1 次元阵列编写的情况下，走法类（Hand）就是以移动源（int from）、落子地方（int to）、棋子（int piece）三大要素进行定义的。

如上图中的棋盘所示，列 1 行一处设定为 0，按纵向方向将数字依次填入棋盘中。这样的话，"5 八金右" 就是将 4 九（数字 35 处）位置的棋子金移动至 5 八（数字 43 处）。先手的棋子金以 int 类型 4 来编写的话，此时的走法就是"35，43，4"。就这样，只使用值类型也可以编写走法的"类"。

面向对象程序设计的优缺点

以"类"为基础的面向对象程序设计，通过"类"的设计进行编程，同时为了实现高速化，还导入了与面向对象程序设计不同的手法。

在编写人工智能程序时，我们有必要先理解了面向对象程序设计的优缺点，然后再考虑其实际应用。

人工智能程序下的面向对象程序设计的优缺点

面向对象程序设计的优点在于，基于"类"的程序分割可以由程序员强制性地来执行。

从初级程序员到高级程序员，不论哪一个阶段的程序员都必须要经历"类"的设计，先是各自完成自己所承担的领域编程，最终完成大规模程序的研发工作。

其他的优点还有，递推式程序、信息隐藏（胶囊化）、多态性等。

将棋人工智能程序，使用递推式程序技术之一的"继承"手法来进行玩家类，以及导入人工智能的电脑玩家思考类的编写。也就是说，人类玩家和电脑玩家的共同之处是通过玩家类来编写的，只需将玩家之间的变化以人类和电脑的不同来区分编写即可。思考的类也是同样的道理，作为基本的思考类下属类的变化，只需将不同的思考类区分编写就可以实现。

另外，面向对象程序设计的缺点，主要是数据处理时的繁重与缓慢。

数据处理之所以会变得繁重，主要是在调出函数时，需要把其自身（Java 里的 "this"）在成员调用中额外地存储。例如，需要检索场变量（动态变量）时，必须经由 this 命令进行检索，与静态变量相比，需要花费 2 倍以上的时间。

对象构造也与 C 语言等的构造体进行比较，同样有系统开销。特别是不支撑多值类型的面向对象程序设计语言，即便是仅为处理 2 个 int 类型的数值，也会将其进行类的编写，所以处理速度便会大幅降低。

将人工智能进行编程时，计算繁多的信息加工情况下不会采用面向对象程序设计的相关功能，而是采用 int 类型的阵列来进行编程，其他场合就会采用较为便利的面向对象程序设计。这也是人工智能与面向对象程序设计之间保持"良好合作关系"的诀窍所在。

接下来的一篇里，我们将介绍如何制作将棋的思考程序。

（五味弘，冲电气工业）

模仿人类思维，设计评价函数

上一篇里我们介绍了管理将棋棋子的移动以及盘面的"将棋棋盘程序"的制作方法。

本篇文章里我们将介绍让电脑思考如何落子的人工智能程序的制作方法。

思考程序的核心在于，判断盘面局势的有利和不利的"评价函数"。通过调整评价函数的参数，可以增强思考程序的优势。

我们现在开始介绍让电脑思考将棋走法的人工智能的制作方法。这里将要介绍的"评价函数"，不仅限于将棋游戏，它在各种人工智能程序中都能够灵活应用，希望大家能够掌握一些此类基本的知识。

首先，尝试模拟人类思维

制作人工智能程序最有效的方法之一，就是"模仿人类思维"。制作将棋的思考程序，也是要先从分析人类的思考方法开始。

人类玩家首先会观察将棋盘和持驹台的阵列，然后思考接下来如何落子。紧接着就会站在对手的角度，思考对手会如何应对。最后，根据预测的对手可能会采取的棋局走法，决定自己如何应对。

这也就是说，玩家已经完成了对 3 步棋的前瞻。

那么，人类玩家是如何通过观察将棋盘和持驹台的阵列（棋局或者盘面），确定接下来将要采取的走法呢？

首先，列出可能采取的走法（合法局），然后思考当走出这一步棋后的棋局，同时对棋局进行"评价"。所谓评价，就是判断棋局对自己是否有利，以此棋局下到最后是否能够取胜。

棋盘评价，不仅是对当前棋局，在前瞻的棋局中同样也会存在。人类玩家最终将选择一个评价最高的走法，使棋局对自己最有利。

人类玩家在思考过程中，最重要的也是这个盘面评价。将棋游戏中，我们会对棋子的得失、棋路的深浅、王将的攻守等做出综合判断。有时候也会对下一步棋是"好下"还是"不好下"做出比较直观的判断。

专业的将棋选手在进行盘面评价时，能够对应该关注的地方以及不必关注的地方，瞬间做出准确的判断。他们对棋盘上的所有信息并不是一一关注，而是有所取舍地进行集中思考。这样有取舍的分别对待，对擅长将所有数据一并进行处理的电脑程序来说，是比较有难度的。

人类棋手在下棋时，是依靠自身的经验进行盘面评价，而不是按照一定的规律形式，有时候他们自己也很难对自己的评价过程做出说明。甚至有的时候，就连棋手本人也说不清自己为什么选择了那步棋。特别是"好下""不好下"等有关盘面的评价，大多数情况下是棋手按照其感觉来判断的，是很难从理论上进行说明解释的。

像这种难度很大的盘面评价，如何通过电脑程序让其运行，便是人工智能程序的作用发挥之处。

使用"评价函数"再现人类思维

在将棋游戏中，电脑如何来评价对自己有利的棋局呢？电脑最擅长的就是，一个不漏地搜索合法棋局，并在数步棋之内将对手的王逼到死局，也就是说在"诘将棋"中，电脑可以发挥其强大的优势。也就是说，观察棋盘面做出对自己有利、不利的判断，并不是电脑的强项。

接下来，我们来介绍一下如何制作电脑的盘面评价。在盘面评价中，假设我们输入棋子的阵列和持驹、手番等盘面的信息，然后输出的评价值从 0 分至 1000 分不等。

如上所述，盘面评价程序，制作输入盘面信息便可输出相应的评价值的函数。这个函数也就是我们说的评价函数（evaluation function）。

我们可以想象，如果有一位顶级的职业棋手，来对所有可能考虑到的盘面打出一个评价值，我们再将这些评价值编进人工智能程序，这样的话，这个人工智能程序也就拥有了这位顶级专业棋手的实力。

然而，这个方法在现实中是行不通的，那是因为需要编写进盘面评价程序中的所有可能的棋局，会是一个庞大的数字。

我们使用费米估算的理论，来简单地计算一下这个天文数字。将棋的棋子，按照先手后手、是否成驹来分共有 28 种。所有棋子共有 40 枚，在将棋盘的 81 个方格和 2 个持驹台共 83 个位置移动。

首先我们往多里来估算一下。我们可以假设，在同一方格内可以放多个棋子，这时棋局的数量是 83 的 40 次方，也就是说这个数字大约是 10 的 76 次方。接下来我们再往少里估算一下。我们假设 28 种棋子，一枚一枚地放到 83 个方格中，此时的棋局数量为 83 的阶乘 ÷（83-28）的阶乘，这个数字也大约为 10 的 51 次方。现实的棋局中，可能的数量也是在 10 的 51 次方至 76 次方之间。不管是哪一个数字，都是现在的电脑程序无法计算的数字。

因此，电脑程序在对盘面进行评价时，只能舍弃很多棋子的移动方案，通过粗略的计算来评价。也就是说，"舍弃更多的信息""总结特点"的想法，将棋游戏之外的人工智能的研发工作中，也是经常要思考的课题。

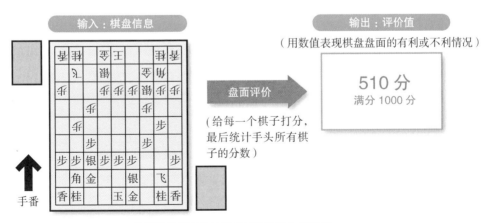

将棋的棋盘评价的评价函数的输入和输出

最简单的评价程序，例如"只考虑棋子的得失（得驹、失驹）"的程序，简单地说，手里的棋子越多，或者说是手里的棋子越强，评价值就会越高。

棋局走法随评价函数的改变而变化

为了能够将得驹评价进行数值化，每一枚棋子必须按照其强弱赋予一定的分值。

例如，步兵10分，香车是步兵的3倍即30分，飞车是步兵的8倍即80分。自己手头的棋子得分与对手棋子得分的差就是评价函数的评价值。

评价函数在实际的应用中，一味地追求得驹的程序，即可以编写"唯利是图"式的棋局走法。香车的得分是步兵的3倍，我们会拿2枚步兵来换香车。在将棋游戏中，一般情况下，我们会以1枚香车或者角行来换取2枚金或银或桂或香，使棋局朝着有利于自己的方向发展。因此，编写程序时我们要按照能够换取2枚棋子的想法对棋子的得分进行调整。

将棋里，除了像"得驹"这样简单的评价之外，根据有效的战略来调整评价值的手法还有很多。

评价棋子移动的方法之一，就是判断棋子的"有效值"。像飞车和角行这样的大棋子，越能够自由移动说明棋子的有效值越大。

采用这种能够反映"有效值"的评价函数的话，可以拓宽角道和飞车道，使大棋子能够按照棋手的意愿随意移动。但是，如果运行变得繁重，飞车和角行就容易被下到棋子较少的空地，因此需要调整。

除此之外，还有评价棋子之间"关联"的评价函数。就是评价自己的棋子是否都处在有利于自己的、相互之间有关联的位置之上。采用该评价函数，可以让自己在防守上处于优势地位。如果将这样的"关联"评价布置在王的旁边，更加能够发挥其优势。

像这样，评价函数的评价方法多种多样，很难简单地做出决定。因此在实际操作中也就只能依靠启发式思维（感觉或者经验）进行编程。

实际的评价函数，会给各种评价赋予权重，并求其和（线性求和）。在程序中使用条件分歧，可以对非线性的评价函数进行定义，并且对棋局也是非常有效的。

开局、中局、终局中改变函数

人类的棋手，可以根据开局、中局、终局的不同情形来改变棋的走法。

开局中，战形和阵形很重要。随着棋子的移动，棋局进入中局后，得驹就变得格外重要。在棋局进入终局后，比起能否得驹，将军就变得更为重要。因此，随着棋局的发展，必须适当地改变评价函数。

各自适合于开局、中局、终局的评价函数

在开局中，因尚不存在吃掉对方棋子的情况，所以不会采用得驹的评价函数，而是依据棋子的位置、棋子的作用、棋子间的关联，对战形和阵形进行评价。

到中局时，因要拿下对方的棋子，得驹评价函数便会占有很大的比重。

终局的时候，"王被将军还是没有被将军"，或者说"是否是必至（被动方是否能够避开被将军）"的评价函数就成了评价的关键所在。

终局里，因为棋局以如何将军为中心展开，所以可采用的棋的走法变少，能否深入思考就变得格外重要。电脑的思考程序，尤其是在终局时，可以充分发挥电脑的计算功能，比起人类大脑，可以更深、更快地进行计算。

因此，在终局里，即便是将自己手中的棋子都舍弃掉，只要结果是能够将到对方的军，那么，评价函数的评价值也会变得很高。

通过"学习"调整参数

评价函数在编程时的困难之处在于，如何调整棋子的分数、权重等的参数，并且也没有一个"如此设计可以取胜"的有效的方法论。

学习专业棋手的思维，不断改良参数，但有时却适得其反，反而降低了评价函数的评价值。除非是将棋之神，否则要想得出参数调整的"正确答案"是不可能的。

当然，将棋游戏中同样会存在因为一时的偶然而取得胜利的情况。因为某一个参数的设计赢得棋局的胜利，我们也不能认定它就是一个强的参数。也就是说，在参数设计的世界里，并不存在所谓的正确答案。

最近的将棋游戏程序，我们会设计不同参数的人工智能程序并让它们对弈，采用取胜一方的参数。这也被称为"强化学习（reinforcement learning）"，是编程中经常采用的方法之一。

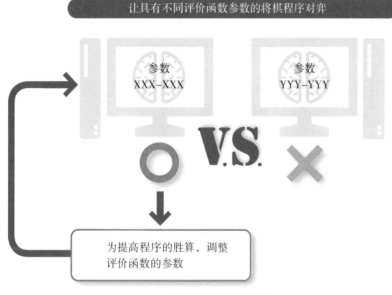

将棋程序的强化学习

强化学习是机器学习的一种，它能够在没有真正的教师（没有所谓正解的参数）的情况下，根据胜负结果对参数做出一定程度的调整。

根据机器学习的评价函数的参数调整，不仅是将棋程序，在其他人工智能程序的性能提高上也是非常重要的方法。一般情况下，我们所说的"学习人类智能"就是通过机器学习的方法，调整程序运算中最为重要的函数的参数。

评价函数决定运行速度

最后，我们来看一下评价函数在程序里的实际装配。在编程时最需要注意的地方就是，电脑在执行评价函数计算时的执行成本。

我们后面将要介绍的"前瞻"程序，每走一步棋都需要计算评价函数。在前瞻程序中，需要对可能产生的数量庞大的棋步进行搜索，因此，每执行一次评价函数的计算所需要的时间，会影响到整个程序的思考时间。

编写评价函数时，我们不仅要考虑评价函数本身的特征，还要考虑模仿人类的方法和机器学习时的参数调整，以及评价函数的执行成本。

作为将棋的盘面评价方法之一，我们介绍了评价函数这一重要概念。评价函数，除了将棋游戏的程序，也被应用于决策支持系统（决定组织决策的电脑系统）等其他程序，使用范围非常广泛。

接下来，我们将介绍提高搜索效率的相关方法。

（五味弘，冲电气工业）

灵活运用前瞻与剪枝，创造实用的人工智能

本篇要介绍"前瞻"和"剪枝"两个概念。"前瞻"就是如何利用评价函数，搜索第 n 步棋的走法。"剪枝"即杜绝无用功，在有效时间内完成搜索过程的手法。评价函数、前瞻、剪枝作为人工智能的三项基本技术，被广泛应用于各个领域。学习人工智能，这三大模块至关重要。

前面一篇里，我们以将棋为例，介绍了人工智能（AI）的局面评估与评价函数的相关知识。本篇将介绍"前瞻"这一概念，探讨如何使用评价函数搜索第 n 步棋的走法，并准确评估棋局展开。

在将棋游戏中，前瞻是每位博弈者都会用到的一种思考方法。例如"前瞻3步"就是说：（1）自己走一步棋，（2）判断对手可能走哪一步棋，（3）考虑为应对对手所布棋局自己应该走哪一步棋，让局面朝着有利于自己的方向进行。

前瞻过程中可能会出现多个棋局，人工智能可以通过搜索算法，找出对自己最有利的局面（评价函数的评估值最高），让博弈者准确地做出对下一步棋的判断。

有这样一种理论，它将类似于将棋这样的游戏进行定义、分类，并钻研如何能够在游戏中取胜，这种理论被称为"游戏理论（game theory）"。前面介绍的评价函数，本篇介绍的前瞻以及节省劳力的"剪枝"手法，都属于游戏理论的研究成果。

评价函数、前瞻、剪枝，不仅限于将棋，也被广泛应用于其他领域的人工智能中。例如，我们无法透视对方手里牌面的麻将、扑克游戏，政治、经济层面的各种策略的决策系统，各种分析、评价系统等。

人工智能重要的工作之一，就是高效率完成"搜索"过程。这一过程中，上述三个模块的任何一个都起着至关重要的作用。在人脑与机器的对决中，IBM"沃森"战胜人脑，或多或少都导入了这些模块。

在政治、经济层面各种策略的决策系统，评价函数并不是按照所有的影响因素对当前情况进行分析，而是利用事先设定的有限的信息对当前问题进行评估。前瞻，也是在预测随着时间推移可能发生的变化时才会被使用。

评价函数、前瞻、剪枝三大模块，使用范围非常广泛。以将棋为媒介进行学习是一个非常有效的途径，在对人工智能有一定了解的前提下，我们将通过下面的介绍进一步加深对这些概念的理解。

为前瞻服务的"Minimax 算法"

"Minimax 算法"又称极小化极大算法，是前瞻的代表性手法之一。"Minimax 算法"是指"自己（电脑）"与"对手"在将棋对弈中，"自己"一方要选择让"自己"的优势最大化（Max）的选项，"对手"一方则选择令"自己"的优势最小化（Min）的选项。

也就是说，自己所走的那步棋对自己来说是最有利的，对方所走的那步棋对对方来说也是最有利的，即对自己来说是最不利的。对弈双方通过不断地重复 Minimax 算法，能够层层深入地对局面进行前瞻。

"Minimax算法"原则上会搜索可能产生的所有算法。以"前瞻3步"为例，人工智能会搜索 3 步棋后的所有局面，并进行评估。

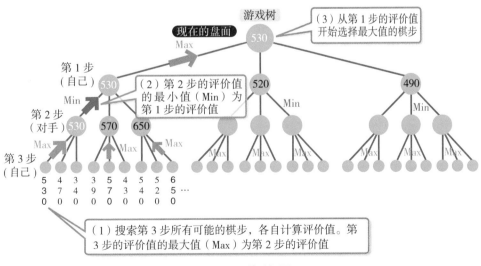

Minimax 算法概要

前瞻每深入 1 步将会产生庞大的计算量。如上页图所示，我们假设一个棋局平均需要前瞻 3 步，那么前瞻每深入 1 步，计算量将随之增加 3 倍。在实际的将棋对弈中，通常认为一个棋局平均需要前瞻 80 步，也就是说前瞻每深入 1 步，计算量将会增加 80 倍，这是一个相当庞大的数字。

通过"剪枝"消除无用的搜索

在实际的将棋对弈中，80 步棋中有一大半都是坏棋，也就是说这些棋步的评价价值为零。所以，"停止搜索"的判断，或者"进行更深层次的搜索"的判断也就显得格外重要。

此时用到的手法就是，停止没有必要继续搜索下去的命令，也就是"剪枝"手法。剪枝手法有很多技巧，主要是使用启发式思维（根据经验和感觉的判断）的各种技巧。剪枝手法，就是使用 Minimax 算法，剪掉全搜索式的游戏树（将棋步的所有候选显示在树枝上）上的部分枝叶（停止搜索）。

剪枝手法有两种，一种是"后剪枝"，它可以保证搜索结果与 Minimax 算法的全搜索的结果相同。另一种是"预剪枝"，它可以给出与 Minimax 算法搜索结果可能不同的、所谓的近似解的结果。

后剪枝，由前瞻的最后一步（前瞻 n 步的话，即第 n 步走法），"从后"向前返回至前面一步，对前一步并排的兄弟枝进行剪枝，并由此得名"后剪枝"。与此相对，预剪枝则是根据当前棋步的信息做出判断，停止后续的搜索，并由此得名"预剪枝"。

人工智能程序的搜索，如果只是对所有可能的棋步进行搜索的话，是非常没有效率的。因此，在编写实用的人工智能程序时，能够给出与全搜索手法结果一致的后搜索当然非常重要，能够给出近似解的预剪枝也很重要，有效使用后剪枝与预剪枝，剪掉大量无用的枝叶。

安全的"Alpha-Beta 剪枝"算法

首先，我们来说明一下，能够给出与全搜索的 Minimax 算法结果一致的后搜索的代表性手法 Alpha-Beta 剪枝算法。Alpha-Beta 剪枝算法，作为

Minimax 算法的改良版，被运用到各种人工智能程序中。

Minimax 算法，选择对自己来说评价值最大的走法，也就是对对手来说其走法的评价值是最小的。Alpha-Beta 算法，导入了剪枝标准的 α 值与 β 值。可能稍微有些难，这里我们尽量简洁地做一下说明。

α 值，就是已经搜索过的"自己"一方的走法中最大的评价值。

α 值，同样也就成为接下来要搜索的走法的最低评价值。如果在某一分枝上，其所有的评价值都低于 α 值的话，我们就可以判定该分枝没有必要继续搜索。

例如，在搜索自己一方棋局的走法时，如果发现对方走法的评价值低于 α 值的话，因为可以确定对方将走出一步低于 α 值（对对手来说有利）的棋步，所以就会停止前瞻。

β 值正好与 α 值相反，在搜索对手棋局走法时，截至某一时间点时的评价值的最小值，将作为接下来搜索时的评价值的最大值。

Alpha-Beta 算法，就是在使用 Minimax 算法搜索棋局走法时，剪掉中途确定的 α 值以下的分枝（这也被称为 α 剪枝），以及高于 β 值的分枝（被称为 β 剪枝）。

执行全搜索的 Minimax 算法，就如 45 页图中所示，需要进行 27 个盘面评价。但是在 Alpha-Beta 算法中，只需要进行 15 个盘面评价。也就是说可以实现 12 个剪枝。

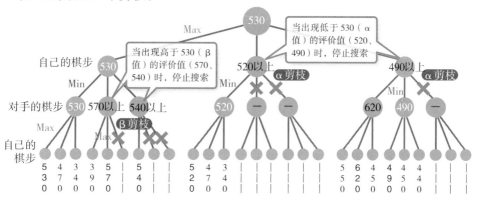

—：因不需要得出最大值或者最小值，停止搜索的棋局走法

Alpha-Beta 算法概要

接近人类的危险的"预剪枝"

预剪枝,是为了得出 Minimax 算法的近似解的一种剪枝方法。虽然不能保证一定能够得出与 Minimax 算法相同的结果,但是与后剪枝相比可以剪掉更多的分枝,是一种有效率的方法。

尤其是在将棋游戏中,有可能采取的棋局走法大多数都是坏棋,因此在研发实用性的人工智能程序时,不仅要灵活运用这种虽然保险却不能多剪枝的 Alpha-Beta 算法,也要导入预剪枝算法进行大胆地剪枝。

预剪枝提出了很多算法。具体有跳过剪枝,也被称为空着剪枝(null move pruning)的方法。该方法,在下棋方放弃一步棋(在实际的将棋对弈中不能放弃某一步棋,这里是指将手番交给对方)的时候,如果此时的评价值高于理论上的最大值,那么就可判断在接下来的棋局开展中评价值同样会高于最大值。

另外一种方法,是被称为徒劳剪枝(FP:futility pruning)的预剪枝手法。该手法,对最后一步棋的前一步(n-1 步)的盘面进行"浅评价",如果评价值在临界值范围之外,那么这步棋被认定为徒劳(futility)的可能性就很大,因此就会停止接下来的前瞻。

不但是在第 n-1 步棋即最后 1 步棋前,也会在距最后 1 步棋前几步时使用。这里的"浅评价"是指对眼前的盘面或者到最后 1 步棋的前几步,进行浅的前瞻。

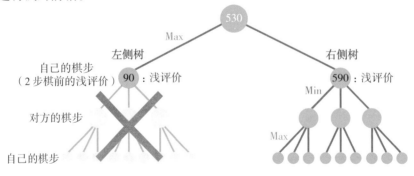

（1）左侧树线路的盘面进行浅评价时,得分 90 分 ➡ 被判断为坏棋,停止接下来的搜索
（2）右侧树线路的盘面进行浅评价时,得分 590 分 ➡ 继续搜索

2 步棋前的徒劳剪枝（futility pruning）的概要

Alpha-Beta 算法，因要得出与 Minimax 算法相同的结果，判断是否导入该方法的重要一点就是，导入成本与最终结果直接的此消彼长的关系。与此相比，预剪枝需要工程师自身判断采用什么，做什么、不做什么等。这也最能体现出一位工程师的技术水平。

前瞻还有一个被称为"水平线效应（horizon effect）"的手法。前瞻时不继续搜索接下来的部分，就像水平线的那一边一样，我们是看不见摸不着的。

例如，正在前瞻第 11 步棋局时，即便是第 12 步后有再厉害的棋步，就像处在水平线的另一侧一样，我们是无法知道的。并且在预剪枝时被剪掉的棋步中，就有可能存在着可以反败为胜的棋步。

为了能够深入前瞻，我们一味追求简单、轻便且运行高速的程序，但是剪枝过多便容易错过对棋局最有利的棋步，这样的话剪枝也就毫无意义了。但是在现实的将棋游戏程序中，相较担心错过最有利的棋步，如何避免走出一步大坏棋更能体现出程序的优势所在。

何时何地"深入前瞻"

到此，我们介绍了如何提高搜索效率的剪枝手法。剪枝的结果，是对盘面能够更加深入地前瞻。这里我们转换一下思维方式，来考虑一下对某一个重要的、特定的盘面深入前瞻的方法。

要对某一个重要的、特定的盘面进行深入前瞻，需要先对左右胜负的"重要局面"进行定义，并通过电脑程序对其进行确认。

将棋游戏，从开局至中局，再到终局依次展开，其中终局是最为重要的。终局时导入深入前瞻是一个很有效的战略方法，为此，在开局和中局中尽量少花时间，也就是说进行较浅的前瞻也是一种战略。

涉及将军时的棋局，无疑是"重要局面"。当自己对对手将军的时候，深入前瞻是有效战略的一种。

彼此的阵营里布满对方的棋子时，很快会出现就要被将死或者被将死的局面。在前瞻的各种步骤中，彼此间棋子争夺频繁时的局面也会被判断为重要盘面。

深入前瞻，与评价函数、前瞻、剪枝不同，是电脑程序的深奥妙趣之所在，也是机器模仿人类智能的人工智能处理的重要方法。改变深入前瞻的时机，可以让机器的思考更加接近人类的思维，可以编写"有个性"的人工智能程序。

接下来，我们将介绍评价函数的参数自动调整的方法，即深度学习等机器学习。

（五味弘，冲电气工业）

通过机器学习磨炼人工智能程序

采用"机器学习"磨炼人工智能（AI）程序，其中有模仿人脑神经细胞的学习模型即人工神经网络，以及应用了突然变异、淘汰等生物进化理论的遗传算法等手法。

实现评价函数参数的自动调整，可以制作精度更高的 AI 程序。

前面几篇中，我们以将棋游戏程序为例，介绍了作为人工智能算法的"评价函数""前瞻""剪枝"等手法。

但是，只是简单地把这些算法导入人工智能的话，也编写不出优秀有效的人工智能程序。如何设定评价函数的参数？眼前棋局需要前瞻几步？采用剪枝的哪种手法？在哪一个时机采用深度前瞻？这些因素，都会影响到人工智能程序的性能和精度。

为了能够更好地调整这些因素，需要通过数据让人工智能程序自己学习，也就是我们说的"机器学习"。

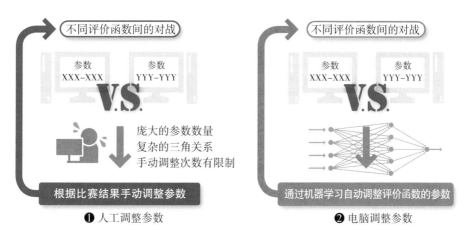

评价函数参数调整的方法

将棋游戏程序的编写过程中，如果是人来设定评价盘面有利、不利的评价函数的参数，设计一个超过设计者本身知识储备或者智能的参数是不可能的。除非是将棋之神，否则依靠人来设计评价函数的参数，是有很大局限性的。

要突破这个极限，采用人工智能领域之一的机器学习是非常有必要的。这里，我们就来说明一下，如何通过机器学习来提高评价函数的精度。

参数调整面临的难题

我们在介绍机器学习之前，先来说明一下由人来设定参数是有多么的困难。

判断盘面上的有利、不利的评价函数，导入了"得驹""有利棋子"等各种评价方法，每个评价方法都编有多个不同的参数。

例如得驹，就是用自己棋子的评价值的总和减去对方棋子评价值的总和，算出差值。要对得驹进行评价，首先需要得出每一个棋子的评价值。

在将棋中，与 1 枚大棋（飞车、角行）交换，可以获得 2 枚小棋（金将、银将），这也被称为"两枚交换"。从参数的角度上看，我们假设飞车的评价值为 640 分，金将和银将分别为 450 分、360 分，那么飞车 1 枚 640 分，金、银各一枚合计 810 分，因此我们可以认为"飞车以一换二这步棋是有价值的"。

参数调整是一个非常微妙且细致的工作。调整之后，整个程序变弱的情况也时有发生。

"大棋的优势棋步一步算几分？""被围死的棋子如何算分？""持驹的分数如何算？""棋子的位置和相互关联如何评价？"如此等等，评价函数的参数数量多的时候超过 1 万个。

评价函数的设计需要启发式思维（依靠经验和直觉的判断），参数的调整同样需要启发式思维。但是，如果是靠人力来调整的话，要研发出超过人类能力的人工智能，那无疑是相当困难的。

通过机器学习自动调整参数

为解决上述人工操作的难题，我们导入机器学习，实现参数的自动调整。将过去的名人名局编入电脑程序，或者让不同的电脑程序对战，依据各种结果设计参数，让棋局朝着有利的方向发展，这些都是机器学习的方法。

当然，现在仍然存在完全由人工对评价函数和参数一个一个地精心调整的将棋程序。同样也存在辅助性地使用电脑程序的自动调整，大部分还是由人工进行调整的将棋程序。

但是，尖端的将棋程序开发中，使用电脑程序调整参数的设计所占比重越来越高。将棋程序"Bonanza"导入了机器学习的评价函数的自动调整，并在2006年电脑将棋公开赛中获胜，一时引起了很大的反响。该事件，似乎也预示着人工智能将会从人工操作的时代进入机器学习时代。

现在，向Bonanza导入"怠惰并列化"搜索方式的"Ponanza"程序，以及一半人工操作一半机器学习的高速学习的"技巧"程序等，都导入了基于机器学习的参数自动调整技术。

电脑的参数调整最简单的方法就是让设有不同参数的电脑程序进行对战，采用获胜一方的程序参数。通过反复地试验，可以让程序逐渐变强。这也是广义上的机器学习。

但是，在对战中取胜的参数不一定就是"强"的参数。有时候会出现剪刀、石头、布一样的三角关系。B战胜了A，C战胜了B，然而C却败给了A，这也是常有的事情。这种情况，当发生变化的参数有多个的时候，也有可能发生。

这种情况下，需要高效地调整评价函数的参数，我们接下来介绍几个方法，例如"人工神经网络"和"遗传算法"。

❶人工神经网络

输入层　中间层　输出层

某一步棋的
评价值
（评价方法 1）
（评价方法 2）
（评价方法 3）
（评价方法 4）

一致率和
成功率

输入多个评价方式的评价值，构筑输
出一致率和成功率的人工神经网络

❷遗传算法

评价函数 1　评价函数 1 评价函数 2　评价函数 1 评价函数 2

评价函数 2　（淘汰）✕　　　评价函数 3

突然变异　　　选择　　　　交叉

将评价函数视为遗传因子，让其内部的
参数发生变异，依据成功率让对方对弈

人工神经网络和遗传算法的概要

通过人工神经网络衡量权重

人工神经网络，是一种模拟人类的神经回路系统的机器学习。多层人工神经网络的机器学习，近年来被称为深度学习，它促成了人工智能发展的第 3 次热潮。

依据过去的棋局例子以及电脑程序间的对战棋局，使人工神经网络不断地得到改进，从而制作出优秀的评价函数以及参数，使将棋游戏程序不断强大。

将棋游戏的评价函数，依据"评价函数（盘面信息）＝得驹评价 × 权重 + 大驹的优势评价 × 权重 +……"一样的公式，通过不同的评价方法得到一个评价值，该值乘以权重得出一个新的评价值，将所得各评价值求和，作为最终的评价值。这也是常用的线性多项式的方法。

我们通过人工神经网络的机器学习方法来解释一下线性多项式中的权重的参数。人工神经网络的输入层，针对某一棋局的棋步，根据得驹、棋子的优势等不同的评价方式算出评价值。输出层，将设定该棋步与过去棋局的一致率，或者电脑程序对战中的获胜率。中间层（隐藏层）的单元数量，会影响到人工神经网络的学习效率，这一点，一般情况下会通过实验最终选取最合适的数量。

人工神经网络，依据大量电脑程序的对战结果进行机器学习，可以不断提高获取一致率和获胜率的精度，并能够生出可以对盘面的有利、不利做出判断的新的评价函数。

在此介绍的各种方法中，将评价函数的哪一个参数设定为人工神经网络的输入层，都依赖于人类的智慧和技巧。实现这一步骤的自动化理论是可行的，但是目前来看，依靠人类的操作效率会更高。

评价函数也是"适者生存"

遗传算法，是一种模仿了生物进化理论的计算方法。模仿上一代个体群的选择、交叉（染色体交换）、突然变异等状况，发展适应环境而生存下来的下一代。选择、交叉、突然变异都是在某种特定的概率下发生的，人类可以将这些自然规律通过电脑进行编程模仿。

我们可以将得驹、棋子的优势等评价方法以及参数看作染色体，设定选择、交叉、突然变异的概率，让不同参数的电脑程序对战，依据结果利用遗传算法使程序参数不断"进化"。通过这种方法经历几个世代的进化（多次实验结果），使得将棋游戏的程序也一步一步地进化、发展。

这一手法，首先需要选择并确定少数的参数（染色体），然后要设定选择、交叉、突然变异的概率，这一过程离不开人类智慧和技巧的支撑。但是，比起完全依靠人工手动进行操作，尽量不依靠人工手动操作使得参数得以调整的方法更加有效。

使用乱数预测胜算的蒙特·卡洛方法

至此，我们介绍了机器学习中评价函数参数的调整方法。下面，我们再介绍另一种方法，即蒙特·卡洛方法。该方法虽然与机器学习稍微有些偏离，但是作为一种不使用评价函数就可以确定评价值（棋步）的方法，也被经常运用于编程。尤其在将棋和围棋程序中，作为评价函数的辅助工具，这种方法经常被使用。

蒙特·卡洛方法，在判断某一棋步（棋局）的有利、不利时，从该棋局开始一直到终局为止持续自我对战，通过大量的这种持续性的自我对战计算棋局的胜算，并将其作为评价值。一般情况下，评价值最高的棋步将会被采用。

　　DeepMind集团研发的围棋程序"阿尔法狗"，将蒙特·卡洛方法进行改良后提高其性能发展成为"蒙特·卡洛树搜索"，将蒙特·卡洛树搜索的评价值与多层人工神经网络有效结合，构筑了新的评价函数，最终使得电脑程序能够无限地发挥其优势性能。

　　阿尔法狗通过与自身的对弈，不断地进行强化学习（自己学习），不断改进评价函数，使电脑程序不断变强。

　　阿尔法狗在2015年10月与欧洲冠军进行对战时，据说已经拥有了超过3000万局的自我对弈。我们假设全球有1000名专业选手，即便是每天不漏地进行对弈，1年下来也只有20万局左右。比起这个数字，阿尔法狗产生的棋局数量有着绝对性的优势。并且在2016年3月，阿尔法狗战胜了世界围棋冠军，一时成为热门话题。

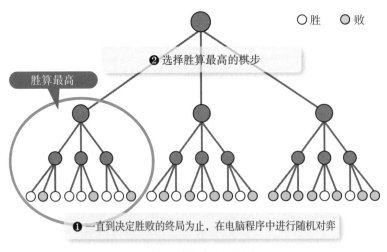

蒙特·卡洛方法的概要

围棋和奥赛罗棋等，到终局的棋局步数是可以计算的，因此蒙特·卡洛方法可以有效地运用于这些棋类游戏中。但是，将棋游戏，因到终局的棋局步数无法确定，所以蒙特·卡洛方法比较难发挥其性能。在"迷你将棋"等将盘面缩小化的程序中，因到终局的棋局步数较少，蒙特·卡洛方法可以得以有效地运用。

接下来要介绍的将棋程序研发的研修内容中，我们将以迷你将棋为例进行解说。在研修中蒙特·卡洛方法将是一个非常有效的方法。

公司研修导入程序设计演习

到此，我们介绍了将棋程序的编写方法，思考算法核心的"评价函数""前瞻""剪枝"，以及评价函数的参数调整的机器学习等内容。

接下来，作为实践篇，我们将介绍我们公司人工智能程序研修的状况，以及顺利实施研修的各种技巧。笔者所在公司的新人研修中，让新员工们研发迷你将棋程序，在研修的最后一天举行对战大会。我们将对此作具体介绍。

（五味弘，冲电气工业）

迷你将棋程序：学习人工智能的最佳案例

介绍从零学习人工智能的、面向公司内部技术人员的研修企划案。

迷你将棋程序，适合于全面学习各种人工智能程序。

研修目的是各队研发制作功能强大的程序。

通过各组所制作程序的实战，可以客观地评价研修成果。

为了让公司内部的技术人员都能够掌握一定的人工智能基础知识，我们经常会策划编程研修会，在此，我们对这些企划的相关状况以及诀窍等进行说明。笔者就在公司内，以将棋程序为题材，负责公司内人工智能程序研发的研修会。

将棋程序，兼顾了传统的符号处理人工智能和现在流行的包括机器学习在内的非符号处理人工智能两方的要素。因此，将棋程序作为人工智能程序研修的主题也是最合适的。

并且，研修中使用将棋程序也有一定的乐趣，可以提高参加者的参与热情。我们之前举行过的研修会，效果远远超出预期的想象，广受参加者的好评。多个团队研发制作的将棋程序可以相互对战决出胜负，其结果也可以作为研修成果的评价依据。

在将棋程序制作的研修会中，不仅能够加深参加者对人工智能的理解，还可以将从 IT 服务的企划及需求分析、计算机系统结构设计、程序设计，到编程、调试、测试等步骤都融入到研修中，使得研修变得"物有所值"。

通过迷你将棋学习人工智能

研修会的持续时间一般都比较短，因此，比起难度很高的本将棋来说，我们一般会把盘面较小、难度较低的"迷你将棋"作为研修的题材。

在做企划案时，根据研修会的时间长短，首先需要确定作为研修题材的迷你将棋的种类。迷你将棋有"5 五将棋""京都将棋"以及受儿童喜爱的"动物将棋"等。另外，还有"9 格将棋""3 三将棋"等，种类较多。

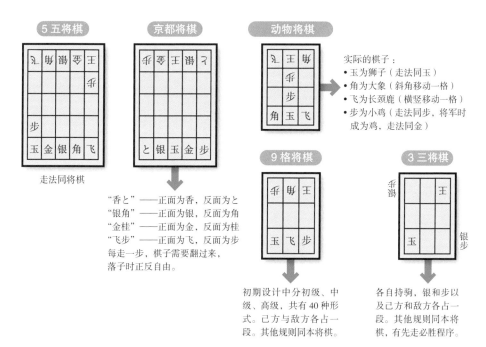

5 五将棋

走法同将棋

京都将棋

"香と"——正面为香，反面为と
"银角"——正面为银，反面为角
"金桂"——正面为金，反面为桂
"飞步"——正面为飞，反面为步
每走一步，棋子需要翻过来，
落子时正反自由。

动物将棋

实际的棋子：
• 玉为狮子（走法同玉）
• 角为大象（斜角移动一格）
• 飞为长颈鹿（横竖移动一格）
• 步为小鸡（走法同步，将军时
  成为鸡，走法同金）

9 格将棋

初期设计中分初级、中
级、高级，共有 40 种形
式。己方与敌方各占一
段。其他规则同本将棋。

3 三将棋

各自持驹，银和步以
及己方和敌方各占一
段。其他规则同本将
棋，有先走必胜程序。

迷你将棋例子与基本规则

我们将根据研修会的持续时间、参加者的水平，选择难易度最为合适的迷你将棋作为研修的题材。

一般情况下，盘面越小到终局的棋步也会越少，并且存在必胜的程序。同时思考过程也会相对简短，能够较为简短地编写人工智能程序。但是，也正是因为存在必胜的程序，因此在研修最后举行的将棋程序大会中很难会有那种愉悦欢快的气氛。

为了能够活跃最后的会场气氛，我们也会让参加者尝试制作新的迷你将棋游戏规则。例如，将盘面的尺寸稍作调整便可出现新的将棋世界。

在确定了作为研修题材的迷你将棋种类之后，我们将对研修会的主体内容做进一步探讨。让参加者制作将棋程序完全可以撑起整个研修过程，为了能够更加充实地进行研修，我们还可以导入一些其他的课题，例如作为一名技术人员所要具备的能力的相关课题等。

再比如，让参加者扮演某游戏公司的职员，讲师扮演公司策划部门的负责人。让研修参加者研发一个搭配有人工智能的将棋游戏程序，参加者可以估算程序研发成本并与项目负责人进行交涉。类似于这样的模拟研修形式也有助于活跃研修会的气氛。

而且，还可以提高员工的交涉能力与对自己负责项目的说明能力。为了能够让参加者更好地享受研发过程，可以为参加者选择敏捷软件开发、瀑布模型开发等方法。

研发性能强大的将棋游戏程序

我们研修的主题是研发人工智能程序，因此我们也会将研修的目标设定为"研发性能强大的将棋游戏程序"。

将研发性能强大的将棋程序设定为研修会主题，有助于参加者掌握研发通用人工智能程序的技巧，掌握评价函数及 Minimax 算法、剪枝、蒙特·卡洛法、深度学习等机器学习的方法。

设计评价盘面的评价函数时，赋予得驹（持驹的评价值总和）以独自的评价方法，再使用 Minimax 算法进行前瞻，可以使将棋程序变强。因为迷你将棋的盘面小、棋子少，所以与本将棋相比可以进行深度的前瞻。

因此，即便是短期的研修会上制作的程序，其平均性能也要优于人类选手。自己制作的将棋程序胜过自己，这也是研修会的乐趣之一。

迷你将棋因到终局的棋步较少，只使用蒙特·卡洛法也可以制作性能较强的将棋程序。通过机器学习调整评价函数的参数，可以让程序变得更强大。

通过研修会，在了解人工智能的威力的同时，还可以实际感受到类似"根据用途不同，有的程序可能一文不值"等情况，并可以磨炼自己，提高对人工智能适用领域的判断。

使用独特的规则设计评价函数

增强迷你将棋程序性能的另外一个要点，就是详细查找迷你将棋的独特规则，发现本将棋里没有的评价函数以及剪枝方法。

本将棋程序研发中，有很多的参考信息，调查相关的程序和文献将会占掉很大一部分精力。这样说话可能不好听，但是这一过程中是可以"作弊"的。不过，迷你将棋的信息不多，相关程序和文献的调查以及自身独特规则的发现等过程都可以同时学习。

例如，深受孩子喜爱的动物将棋，"王将进入敌阵"的规则如何适用于评价函数是一个重要的评价点。

所谓"王将进入敌阵"，就是狮子进入敌方阵地（对手的第 1 段，相当于本将棋的入玉），如果在对手的下一步棋中，狮子这枚棋没有被吃掉的话，就为胜局。

在评价"王将进入敌阵"时，狮子这枚棋的位置是评价函数的重要参数。狮子越深入敌方阵地，胜局的可能性也就越大。但是，棋子越是深入敌方阵地，受到的攻击也就会越多，也就需要特别注意。评价函数需要注意棋子所处位置与敌方阵形之间此消彼长的复杂关系。

在人工智能程序中，这种此消彼长的关系，即参数的调整非常重要。在研修会上，我们要让参与者感受到参数调整的难度并保证学习效果。通过实践，引领参与者进入参数自动调整的方法，即机器学习的奇妙世界。

将棋程序与人工智能的完美结合，我们还需要思考"棋招"。例如，设计一些攻击型的、防御型的棋招，看起来就像在与人进行对弈一样，也会增加将棋程序的研发乐趣。过去，就有参加者表示，亲身体验了稍微修改思考程序的参数便能改变棋局的乐趣，并对此印象深刻。

以团队为单位研发程序

在人工智能程序研发的研修会上，让团队中的每一位参加者都参与程序的研发非常重要，切记不要让大家依赖团队中的某一个核心队员。

研修过程中，团队要有凝聚力，作为讲师也应该引导每一位参与者积极参加到程序的研发过程当中。

人工智能程序的学习，特别是最初阶段容易碰壁，有时候需要花费大量的时间才能够理解相关理论。作为讲师如果不能很好地引导大家，可能只有部分理解了相关理论的学员参与到程序的研发过程中。

作为研修主题的迷你将棋程序，实际上一个人就可以研发完成。迷你将棋种类不同，情况也有所不同，但大约有 1000 行至 3000 行的命令便可使程序得以运行。对于优秀的学员来说，一个人研发效率会更高。

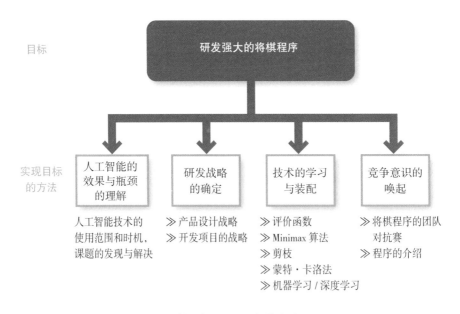

研修目标及实现目标的方法

选择自己掌握的技术，调整难易度

在策划人工智能程序研修会的过程中，课题难易度的设计问题很容易导致策划团队成员意见分歧。

是降低课题的难度让参加者体验成功的喜悦，还是增加难度让参加者感受学习的不易？课题的难易度选择，对整个研修过程的影响是非常大的。

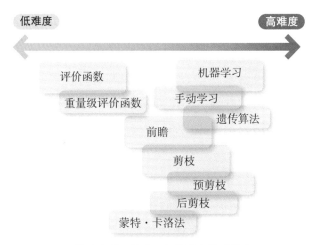

研修会上学习的人工智能技术的难易度

从笔者的经验来看，在研修过程中，让参加者多体会成功的喜悦更能加强研修会的学习效果。人工智能，在编程的世界里，我们一般认为它是属于较难的分类，因此将课题调整为相对简单的内容，会提高参加者的兴趣，让研修变得不那么枯燥、无趣，特别是面向初学者的研修会。

相反，在人工智能的入门阶段如果多次遇到挫折的话，参与者会逐渐失去学习人工智能技术的信心。他们会产生一些消极的想法，例如"人工智能到底有什么用处，难道一般的程序不能解决问题吗"，如此等等。

难易度的调整方法，除了前面介绍的根据迷你将棋的种类进行调整的方法之外，还有根据人工智能技术进行调整的方法。

盘面评价函数是必不可缺的。缺少了评价函数的思考程序，不可能有"人工智能"式的效果。如何使用评价函数可以反映出学员的技术水平，因此，一般情况下我们会让学员自己决定评价函数的使用情况。

依据 Minimax 算法的前瞻也是非常有必要的，但是将棋程序不论谁来设计最终结果都是一样的、决定论式的程序，因此只靠 Minimax 算法还无法研发出有个性的将棋程序。

但是，如果我们导入"预剪枝"方法，就变成了非决定论式（依据直觉和经验进行判断），能够赋予人工智能"人的棋招"，模拟与人对弈的情景。这也能够反映出学员的技术水平，因此我们要根据研修时间、研修目的等，适时适量地追加前瞻、剪枝、蒙特·卡洛法等技术。

我们还要确定机器学习的设计程度。可通过让电脑程序相互对战，由人工调整评价函数的参数，还可通过机器学习实现调整的自动化，还可让参与者挑战多层人工神经网络的深度学习，可根据实际情况选择合适的方法。

人工智能的初学者，以及短期的研修会学员，最好不要涉及机器学习。同时，让参加者自己决定评价函数的参数的难度，有利于研修会的顺利开展。是否导入前瞻等项目，可以让参与者自己思考决定，这也能够在一定程度上提高大家参与的热情。

接下来，我们将介绍人工智能研修中的程序调试以及源代码的评价方法等问题。

（五味弘，冲电气工业）

人工智能在不断调试中，无限接近人类

选择人工智能的将棋游戏程序研修会的下半场。

学习人工智能的调试，对抗赛的运营，以及人工智能的性能扩张。

通过对调试结果和"失败"原因的分析，人工智能性能变强。

为了使将棋游戏程序深受大众喜爱，添加了"人情味"这样新的要素。

弱的将棋程序在对弈中之所以会战败，大都是因为走大坏棋的概率很高。将棋游戏中，即便是一路好棋走下来，仅一招大的坏棋就可能导致满盘皆输。大坏棋可以说是人工智能程序的漏洞。

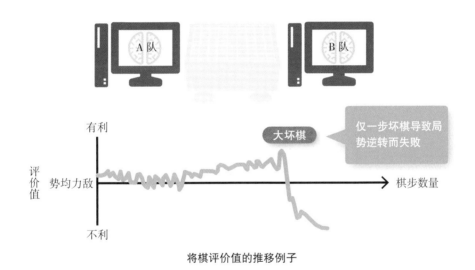

将棋评价值的推移例子

要想研发性能强大的将棋程序，解决大坏棋的漏洞问题，"调试"步骤至关重要。

我们甚至可以认为，人工智能程序研修的奥妙并不在程序本身，而是在调试这一关键步骤上。团队成员反复试验不断摸索对程序进行调试，这

个过程虽然烦琐但也可以让参加者体验到其中的乐趣。通过调试，参加者不断成长，这也是研修的奥妙所在。

人工智能程序的调试过程是相当烦琐的。人工智能程序因为是非决定论式的运行，这些运行本身是漏洞，还是正常的程序，多数情况下是很难分辨的。即便能够确认是漏洞，为此对程序进行调试也是相当困难的。

作为前瞻手法的 Minimax 算法和评价函数参数的自动调整的机器学习的研修，接下来我们介绍如何让参加者掌握调试的技巧。

学习 Minimax 算法的调试

Minimax 算法一般情况下是重复使用同一个函数，即以"递推程序"来编程。Minimax 算法的调试之所以困难，最根本的原因就在于递推程序本身的调试过程很难。

研修会中，不了解递推程序的参加者如果比较多，在研修的开始阶段我们可以设计制作递推程序的研修环节。例如设计阶乘、斐波那契数列、汉诺塔、快速排序、八皇后等较为简单的课题，让研修参与者尝试研发递推程序。这样可以让大家慢慢接触并了解递推程序。

递推程序的调试，主要是依据堆栈追踪（stack trace）进行的。所谓堆栈追踪，是指使用函数获得的信息（主要指引数或者值，也叫函数框架）堆积于系统的堆栈中，并将这些信息呈现到屏幕上。

通过堆栈追踪，我们可以直接目测检查引数或者值是否有不正确的地方，这也就是我们所说的调试的过程。

随着前瞻步数的增加，堆栈的数量也会变得相当庞大，因此在调试之前我们会先将前瞻的步数减少。如果前瞻 2 步成功的话，根据递推程序的性质，我们可以预测前瞻 n 步也会成功。

适应了递推程序和它的调试过程，我们就能够在一定程度上研发没有副作用（不会给其他的程序造成影响）的程序了，因此这些操作适用于并列处理程序的研发。除了人工智能程序之外，在 IoT（物联网）系统等多种场合的并列处理程序中也被广泛应用。因此，通过研修，让参与者学习并掌握递推程序及其调试的知识和技巧是非常重要的。

机器学习的调试

机器学习的调试过程中，我们一般认为被称为"调整"的操作，其难度更大。在研修中，能够进入到机器学习调试阶段的学员，其技术水平至少也要达到中级左右。

机器学习的调试，与一般的程序不同，至今也没有确立一个机械式运行的方法论。目前的现状，也是只能靠运气，或者是依靠无法精准描述的人的经验来进行调试。

例如人工神经网络，参数的初期值的设定，极有可能极大提高后期的学习效率，也有可能极大地降低学习效率。这两种极端状况，对制作终极的、优秀的人工神经网络都会有一定程度的影响，我们也可以称之为"漏洞"。初期值的设定，目前来看，我们也只能凭借自己的经验以及感觉，或者是反复试验，别无他法。

机器学习的调试过程之所以困难，主要是因为我们无法像一般的程序一样，一边追踪运行情况一边调试。如何判断某处是"漏洞"，也没有一个明确的基准。

如果是在将棋程序中，我们可以让"学习前"的评价函数参数和"学习后"的评价函数参数进行对弈，"学习后"的参数获胜的话，我们在一定程度上可以认为该机器学习没有漏洞，反之，我们可以认为该机器学习存在漏洞。

但是，我们还是无法保证这种判断的准确性。假设，完成 10 万局棋局的机器学习之后没有发现漏洞，那么我们在已经战胜了学习前的程序这个基础之上，再完成 100 万局的机器学习。此时，我们能否明确判断，100 万局机器学习后的程序一定要强于最初的程序呢？答案是"不实际操作的话不能下结论"。

原因很简单，因为机器学习中存在着过剩学习（overlearning）的危险性。过剩学习是指，过度的重复学习的结果，导致程序过度匹配学习过的数据，而对其他的状况不能很好地处理。在将棋程序中，过剩学习的结果甚至导致学习后的程序比学习前性能还弱。

如果研修活动是面向中级水平技术人员的，让参加者体验一下调试的难度也是很有必要的。让参加者切身体会机器学习"并非是只要依据数据进行大量的学习就一定能够取得好的成果"，这也是研修的重要内容之一。

从盘面的评价值中寻找失败的原因

各队在完成调试过程的学习之后，接下来终于到了让各队研发的程序进行实际的对抗赛的时间了。

将棋程序的研修中，最终能够对参与者进行"强或者弱"的评价。不论你发明多具优势的评价函数，如果不能在将棋程序中发挥作用的话也是毫无价值的。

在将棋游戏中，对弈双方的性格也可能影响到棋局的胜负。对双方来说，有自己很擅长的对手，也有自己非常不擅长的对手。在评价过程中，我们一般不会采用淘汰赛，而是采取循环赛，根据最终的获胜率来进行最终的评价。

依据获胜率进行最终评价，是大家都能够接受而且透明度很高的一种评价方法。评价的透明性，在团队研修中也是相当重要的。在将棋以外的人工智能研修中，例如模式识别的情况中，识别率就被认为是一个比较客观的评价指标。

但是，我们研修的最终目的并不只是为了给大家一个获胜率这样的结果，我们还会和参加者一起分析为什么会出现这样的结果，这也是研修的一个重要目的。我们会引导参加者认真分析，为什么获胜，为什么失败，这些都是评价的要点。

分析失败原因的一个有效方法，就是分析对手没有出现大坏棋的棋局，记录此时的盘面评价值是如何变化的。

如果评价值的变化是一直减少的话，这就说明自己的棋局与对手的棋局之前存在明显的实力上的差距。没有设计好评价函数，或者前瞻太浅有可能是造成失败的重要原因。

开局的时候双方势均力敌，从中局开始小的坏棋逐渐增多，最后导致
失败。这种棋局的败因，一般不在开局的棋步或者得驹的评价方法上，很
有可能是因为终局的前瞻太浅所致。

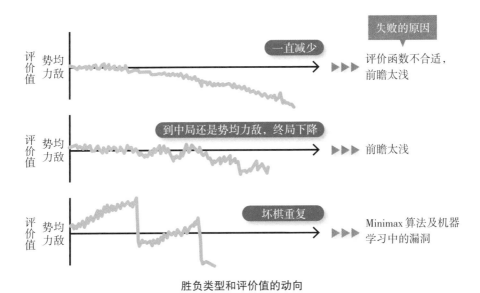

胜负类型和评价值的动向

另外，在将棋程序的对抗赛上还有一件很难处理的事情，那就是如何
确定走一步棋的限制时间这样的规则。如果不设定走一步棋的限制时间，
使用较长的时间可以实现深度前瞻，其程序相对也会变强。

我们也可以制定一个统一前瞻深浅的规则，但是这样做的话，在思考
程序性能的协调上就失去了意义，一般情况下我们不会采用这种方法。

限定时间对每一位参加者来说是最公平的，这也使得时间的分配方法
会对棋局造成很大的影响。对于初级技术人员来说，研发伴有时间限制的
思考程序有很大的难度，这也给研修的运用造成一定的困难。

扩展已研发的人工智能

最后，将棋程序对抗赛中的评价结束之后，我们还可以考虑将人工智

能程序向着"强"之外的方向扩展，这是给大家提出的新课题。

以往的研修会上，我们一直追求人工智能的性能和精度。但是，实际的人工智能产品和相关服务，仅仅靠这些是不够的。如果是用于货存管理及故障诊断，需要通俗易懂地展示人工智能的判断标准，这样也容易将人工智能导入实际的运用中。再例如聊天机器人，如果在程序上赋予其性格特征的话，会让人觉得它更加容易亲近。

将棋程序同样如此，如果设计的程序毫无人情味、一本正经的话，操作程序的人也会很快对其失去兴趣。这样，即便是性能很强的人工智能，它的实用性也是很低的。

让人工智能有人情味，我们首先要考虑"何为人工智能的人情味"。因此，我们先要研究人是如何思考下棋的。

例如，我们赋予评价函数一个"胜负的动向"这一概念，我们可以按照这一概念改变棋局的走法。时而一方从劣势到优势，时而棋局倒向另一方等，可以通过改变棋局的走法，尝试模拟人的心理、思考过程。电脑程序要做到这一步，需要将胜负的动向进行数据化，这可以通过分析评价值的变化（微分）来进行操作。

人都是有个性的，因此将棋的走法也是有性格的，也就是我们说的"人情味"。将人情味编入电脑程序，需要对电脑个性评价函数的参数进行调整，以此决定让电脑程序偏向进攻型还是防御型，或者偏向于某一种特定的棋局走法。

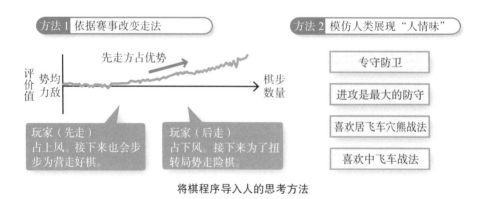

将棋程序导入人的思考方法

我们容易对人工智能程序的对战失去兴趣的另外一个理由是很难捉摸人工智能到底在想什么，这也就很难对电脑棋手投入感情。为解决这一问题，我们可以给电脑程序添加边思考边下棋的功能。这样，人工智能程序也就不像一个黑匣子一样，从而变得容易理解。

例如，将棋程序对战后，如果能够对对手说："我之所以走出了7五银这步棋，是因为我觉得7五银、5四步、6四银、6三步、5三银将军的棋局更容易取胜。虽然还有其他与这一棋局评价值相同的走法，但是这一局我想以进攻为主，所以最终选了上述走法。"这样一来，我们马上就感觉到该程序不是枯燥无味的，而是有一定的人情味。

人工智能的实际运用

我们以迷你将棋为例，介绍了人工智能研修，这部分内容到此就告一段落。研修结束后如果没有下文也就失去了研修的意义，能够实际运用才能体现出研修的意义所在。

但是，研修和实际运用之间有一道很难逾越的鸿沟，如何跨越这道鸿沟是一个非常重要的问题。对此，没有捷径可走，需要我们一步一步，扎扎实实地去努力。一旦跨越了这道鸿沟，我们将会体验到与研修时完全不同的、更大的感动。

（五味弘，冲电气工业）

第 2 章
美食网 Retty 的 AI 幕后

AI 通过深度学习实现图片自动分类，从而为用户提供更精准的美食信息

现在，人们对 AI（人工智能）的关注度越来越高。人工智能掀起发展热潮，深度学习功不可没。提供美食信息服务的实名评论网 Retty（东京·品川），是一个在图片分类等板块灵活运用深度学习的 AI 先进企业。下面，Retty 的 CTO（首席技术官）樽石将人先生将为我们讲述公司的技术运营状况。

由我担任 CTO 的 Retty，是日本最大社交餐厅评论服务网站。我们导入深度学习等技术，开发应用 AI 系统，让之前只能由人工来完成的工作实

Retty 负责 AI 开发的 CTO 樽石将人，他有关 AI 的知识大多是在进入公司之后才学习的。

现自动化。类似于 RPA（Robotic Process Automation）系统，也就是机器人处理自动化。

2016 年 5 月作为技术研发的第 1 个阶段，我们按照料理 / 店铺外观 / 内观（店内）/ 菜单四大分类，实现了用户上传照片分类的自动化。在这之前，我们将这些业务连同其他业务进行外包，仅照片分类这一项业务每个月就需要几十万日元的费用。

现在，这些业务已经几乎不需要外包了。AI 导入的初期投资，除去人工费大约为 15 万日元，这个费用我们不用一个月就

可以收回成本。

2016 年 6 月，在技术研发的第 2 个阶段，我们又实现了人类手工不可能完成的一些工作的自动化。依靠深度学习，大幅提高了用户上传照片的解析度（超解像）。

除上述业务，完全导入 AI 的业务还有 3 项。再加上人类手工操作后导入 AI 的业务，已经达到 10 项之多。

我们不但实现了工作效率的大幅提高，还为用户提供了像超解像一样的新服务。现在，我们还在继续研发新的系统，争取将 AI 导入更多的业务当中。

评论栏中，用户会推荐自己觉得不错的店铺或者料理。我们从中抽出料理名称来判断该店铺是否适合约会或者商谈等，并做好标记。能够处理这些业务的 AI 实用化研发工作，我们正在稳步推进。特别是现在外包的各种业务，将 AI 导入这些业务是我们目前研究的一个重点。

AI 研发是未来的希望

现在，AI 研发的各项工作都已经步入正轨，也取得了一定的成果。但是，刚刚起步的 2015 年 10 月，公司内没有一个熟悉 AI 的技术人才，真的是从零出发。

当初，我们并没有信心实现 AI 技术的实用化，但是，我们迫切地想借助 AI 实现一些业务的自动化。按当时的运营模式继续发展下去的话，Retty 的各项业务很快就会达到一个顶峰，如果要扩大业务范围，AI 的导入和实用化是唯一的出路。

用户可以通过 Retty 的官网或者智能手机的应用程序发表有关美食的各种评论，主要有料理、店铺、菜单的照片以及文字评论等。

一个月的用户数量高达 2200 万人次（2016 年 5 月统计数据）。自从 2011 年开始了新的业务以来，累计评论数量 270 万次，上传照片 1000 万张（2016 年 5 月统计数据）。如此多的信息是 Retty 的巨大财富。

每天上传的这些信息无疑是 Retty 巨大的商业财富，但如果只是堆积在那里的话，无法最大限度发挥这些信息的潜在价值。通过分类、标注、菜单照片的文字化等编辑、加工活动，可以将信息的价值最大化。

评论用的自然语言以及照片的编辑、加工，以前没能实现电脑的自动化。各种操作只能由人工手动进行，因此，随着用户数量的增加，评论信息等急剧增多，所需费用也会随之增多。

商业的根本是创造价值，但是这个过程却是一个人工劳力型的、规模无法扩大的过程，这让我们非常苦恼。好不容易积累了用户们上传的这些庞大的资源，我们却无法对这些信息进行全面的编辑、加工。

从节约成本的角度出发，我们只能优先处理人气高的地区和版块，就算是有新的业务想法，也只能放弃。

要最大限度发挥用户上传的评论信息的作用，更好地为用户提供服务，我们必须实现自然语言和图片信息编辑与加工的自动化，也就是说 AI 是必经之路。随着上传信息的不断增多，公司职员被繁重的工作压得喘不过气来，越来越多的职员意识到了 AI 研发的重要性。我作为公司的 CTO，也承受着巨大的压力。

接触发展日新月异的新技术

开始，说到 AI 的研发，我们毫无头绪。后来，我们接触到了卷积神经网络（CNN：Convolutional Neural Network）这一新的运算方法，并了解到该算法大幅提高了图片判别的精度。

但是，要将其实际运用到业务当中并不是一件简单的事情。CNN 技术的发展日新月异，只靠阅读说明书还不能完全理解其概念，要想加深理解还必须阅读最新的相关学术论文。

我们需要调查学习的，不仅仅是 CNN，运用于 AI 的技术还有很多，而且我们还必须加深对传统的人工神经网络技术的理解。根据计划导入的业务内容，我们会将这些技术与统计学手法有机地融合起来，有效地应对各项业务的展开。

如上所述，当时公司内并没有了解 AI 的技术人员。就连 IT 团队的所有成员也被日益积累的工作压得喘不过气来，根本抽不出人手前去调查、学习、研究 AI。

打破这种局面的并不是公司的内部职员，而是参加研修的实习生。一般情况下，大家都会认为研修对公司的实际业务并没有什么帮助，但是 Retty 并不那么认为。实际上，实习生们对其在大学或者研究生院里学习、研究内容的了解程度，很有可能比我们公司内部的技术人员都要高出很多。

事情的开端是 2015 年的夏天，当时我们参加了一个由人才介绍公司主办的逆向人才招聘会，即由学生提出就业条件，然后人才介绍公司帮助学生寻找合适的企业。公司的一位工程师作为招聘方参加了这次招聘会，并热情洋溢地介绍了本公司的业务内容。以此为契机，一名研究 AI 的实习生 A 同学加入了我们公司。

经过商讨，我们给 A 同学提出了一个课题，即开发一个 AI 系统，这个系统能够从用户上传的信息中抽出料理的名称。这个课题的最大难处就在，不但要能够抽出像"鸡蛋卷"这样各个店铺都使用的大众菜名，还要能够抽出像"茄子菠菜的宣腾腾烧制"一样各个店铺特点各异的招牌菜名称。

以往，我们都是采用人工分类的做法，很辛苦而且经常还会有疏忽遗漏。导入 AI 实现这些业务的自动化，我们都认为这不是一件简单的事情。但是，A 同学很快制作了一个 AI 模型，并于 2015 年 10 月进行了试验。虽然当时没能够达到实用化的水平，但是 A 同学让我们看到了希望，感受到了实用化的可能性。现在，我们公司内部的技术人员仍然在继续这个项目的研发工作。

A 同学的这次试验在公司内部引起了很大的反响。大家都认为"实习生完全能够成为公司 AI 研发的战斗力量"，从那以后，公司开始注重引进更多优秀的实习生。为此，2015 年 11 月，我们在东京大学本乡校区附近设置了一个名为"Retty Technology Campus Tokyo（Tech Campus）"的学生工作室。但是现在已经停止运营了。

当时的工作室也就是我们临时租借的一个小的办公室。即便如此，比起乘坐电车还需要 50 分钟以上才能到的东京五反田本部，出了研究室就能够来的这个工作室，深受学习、生活繁忙的东京大学的实习生的好评。

公司职员受到实习生启发

Tech Campus 不仅是一个面向实习生的工作室，还是 Retty 的 AI 研发基地。公司内部的工程师被任命为顾问，负责为实习生们答疑解惑，实习生们则负责研发 AI 系统并定期汇报成果。工程师根据汇报情况提出修改意见，实习生再进一步对系统进行改良。研发工作就这样不断地循环进行。

受实习生的感染，公司内部的工程师也对 AI 研发产生了浓厚的兴趣。作为顾问，在为实习生答疑解惑的过程中，我自然而然地掌握了一些 AI 的知识，还亲身感受到了实习生们积极的态度。于是，公司内部部分对大数据处理比较熟悉的工程师，开始学习 AI 知识并尝试研发相关程序。为此，公司还制定了 "10% 规则"，保证研发时间。

实习生与公司工程师每周一次共同讨论 AI 相关问题。公司职员与实习生一起共同研发 AI 是我们 Retty 的传统做法。

（照片提供：Retty）

所谓"10%规则"，就是将工作时间的10%作为自己负责业务之外的课题研究时间。也就是说，每天可以保证这10%的时间用于AI研发工作中。

12月，A同学就取得了可喜的成果，研发出了能够将用户上传的照片按照料理、店铺外观、内观（店内）、菜单4大版块自动分类的AI系统模型。当时，该系统的精度就已经达到了很高的程度，公司内部的工程师接着研发了半年之后，我们就完成了Retty的第1号AI实用程序。

12月下旬，我们与从事行动信息数据分析业务的UBIC（现在的FRONTEO）共同举办了编程马拉松比赛。此时，应聘本公司的实习生越来越多。其中，留学美国哈佛大学的日本学生B同学给我们留下了深刻的印象。2016年1月，B同学来到公司实习，开始着手研发一种聊天机器人模型，这种模型通过与用户进行自然语言的对话形式来搜索店铺。

2016年春天，Tech Campus的信息不胫而走，早稻田大学和庆应大学的学生也开始应聘本公司的实习生职位。同年4月，公司专门安排了一位工程师作为AI研发的负责人。由专人负责研发工作，AI的研发工作更加顺利。

实习生与公司内工程师一起讨论提出的AI研发方案，其中，经过评估认为有实现可能性的方案达60个以上。AI研发负责人负责论证，并积极推动实用化的研究。

前面我们说到，AI的适用业务已达10项之多。今后，我们将继续借助实习生的力量，不断增加适用例子。

在秋叶原采购 AI 基础系统

Retty研发的AI系统的大多数项目，都是以大数据为基础，也就是所谓的通过机器学习提高精度。机器学习，伴随着庞大的矩阵计算。

一般情况下，随着AI实用化研究的进展，成本费用也会随之增加。这是因为依据大数据的研发，修正AI的机器学习过程中，需要用到大量的电脑运算资源。

面向 AI 的处理器，GPU（图片加工专用处理器）最为合适，因此我们就提出了搭载 GPU 机的云服务设想。但是因其价格高昂，没能立即实现。这种云服务与办公室的网络连接得不到位等因素，也致使开发的新技术不能立即投入实际应用。

我们需要的，是一个工程师与实习生们 24 小时随时随地都可以使用的价格可控的 GPU 环境。最后我们放弃云服务，导入了户内环境（公司所有）下的 GPU 使用方案。为了降低成本，我们没有导入高性能的 GPU 工作站，而是决定向通用计算机搭载价格在几万日元的 GPU 板。因为当时还处在 AI 开发的初始阶段，因此使用 GPU 的时间也是比较有限的。其他时间，仍然是还原平常的开发环境。

我们在东京秋叶原采购了各种部件，组装计算机。组装的计算机使用的软件是开放源代码软件，1 号机的制作费用总计约为 15 万日元。随着 1 号机使用频率不断增加，电脑运算资源也变得逐渐无法满足公司的需求。因为要处理庞大的数据，我们导入并灵活使用了云服务、数据备份等措施，现在，GPU 机已经增加到了 5 台。

1 台 GPU 机 的制作费用约为 10 万日元，现有的 5 台机器的总价约为 50 万日元。目前，成本上暂时不会出现大的问题，根据需要增加 GPU 机 的 台 数 也 比较容易。现在，Retty 的业务发展离不开 AI 技术，接下来要做的事情也还有很多。

AI 用的自动操作系统已增至 5 台。除去人工费，成本总额为 50 万日元。GPU 是在秋叶原采购的美国 NVIDIA 制品，让作为开放源代码软件的机器学习程序库的 TensorFlow、Preferred Networks 的 Chainer 在 Linux 上运行。使用集装箱式管理软件 Docker 和分散式文件系统，实现计算集群化。

（照片提供：Retty）

Retty 的业务理念就是，让用户通过朋友或者美食需求相同的人群的介绍，找到适合自己的最好吃的店铺。通过人与人之间的交流找到一家舒心的店，在店里再跟更多的人实现新的交流。在提高这种服务质量的路上，AI 将会发挥更大的作用。

（樽石将人，Retty）

第 3 章
AI 记者的实力不容小觑

NTT DATA 的 AI 记者能够撰写
没有语法错误的天气预报稿件

　　自动撰写发布在报纸、电视、新闻网等媒体上的报道的人工智能（AI）系统，也就是所谓的"AI 记者"的实用化，在国内外都有了很大的发展。著名的美国联合通讯社（AP）等国外企业于 2014 年左右就导入了 AI 记者，而日本在最近才开始关注 AI 记者。

　　人类记者的主要工作是"基于数字、数据撰写通俗易懂的文章，并向大众进行传播"。这些工作，AI 记者可以瞬间并且大量地完成，这也是 AI 记者的一大特征。分析已经导入 AI 记者的公司的运营状况，我们可以清楚地了解到 AI 记者到底拥有多大的实力。本篇文章，我们将介绍 NTT DATA（公司）的应用例子。

　　　观众朋友们早上好，我们来介绍一下这一时段的天气情况。根据气象台发布的数据显示，受冷湿空气的影响，17 日全天新潟县的气流将一直处于不稳定的状态，并会伴随强降雨。截至 17 日 18 时，新潟县北部的降雨量预计将超过 250 毫米。其间还有可能伴随泥石流灾害，以及龙卷风等强风灾害，请大家出行时注意安全。

　　这篇文章，与电视节目主持人每天在新闻节目上做的报道对比起来，毫无违和感。这篇报道就是由 NTT DATA 开发的 AI 记者自动撰写的。该公司于 2016 年 9 月至 12 月进行了自动撰写系统的调试试验，并取得了可喜的成果。它所使用的就是气象厅向外部机构提供的、以规定格式撰写的"气象电文"。AI 记者通过分析气象电文，就可以"撰写"出基本上没有日语语法错误的天气预报报道。

气象电文

【题目】新潟县天气预报
【日期】2010 年 5 月 17 日 14 时 47 分
【发布】新潟县气象台
【原文】
受冷湿空气的影响，17 日全天新潟县的气流将一直处于非常不稳定的状态。
截至 17 日 18 时的预计降雨量：
新潟县北部 250 毫米
新潟县南部 200 毫米
〈灾害情况〉
预警信息：泥石流灾害
注意事项：遇到冰雹、强风，或者雷云来临时，请不要外出，确保人身安全。

AI 记者撰写的原稿

观众朋友们早上好，我们来介绍一下这一时段的天气情况。
根据气象台发布的数据显示，受冷湿空气的影响，17 日全天新潟县的气流将一直处于不稳定的状态，并会伴随强降雨。
截至 17 日 18 时，新潟县北部的降雨量预计将超过 250 毫米。
其间还有可能伴随泥石流灾害，以及龙卷风等强风灾害，请大家出行时注意安全。

NTT DATA 的"AI 记者"生成的天气预报稿件

本次系统开发的主要目的是为了验证，AI 记者是否能够减轻人类记者撰写这种报道的工作负担。担任 NTT DATA 的 IT 服务·支付事业本部放送·信息服务事业部主任的山内康裕先生介绍说，"若能减轻人类记者的负担，他们就可以有更多的时间去撰写其他更有深度的报道，或者增加其他采访"。

通过深度学习，自动掌握撰写稿件的规则

近几年，以国内外的 AI 相关企业以及新闻机构为中心，越来越多的企业投入到自动撰写发布在报纸、电视、新闻网上的报道的 AI 技术的研发中。参照过去的新闻稿件，制作人类记者撰写文章时的规则或者文章模板。其中最具代表性的技术，就是向模型中导入新的信息，然后由系统自动生成新闻稿件。

例如，天气节目中描述降雨强度时，降雨量在 10 毫米以下时为"降雨"，降雨量在 10 毫米以上 20 毫米以下时为"较强降雨"，我们可以导入这样的规则。但是，使用这种方法时，需要人工事先将相关规则编入程序，这道工序需要花费一定的时间和费用。NTT DATA 本次开发的系统采用的是深度学习技术，据山内先生介绍，"撰写稿件时的规则完全由 AI 自动学习获得"，这也是该系统最大的特征。只需要 1 天的时间，该系统就可以撰写出能够实际运用的稿件了。

工作原理如下：根据气象电文和节目主持人实际播送的稿件，构筑学习撰写稿件规则的机制。使用这个机制，让 AI 记者依据过去 4 年的气象电文和天气预报原稿进行机器学习，然后生成新的稿件。

首先，准备好 4 年的气象电文和天气预报原稿。然后，对气象电文里面出现的地名等专有名词进行正确的解析。为了能够提高解析的精度，我们使用了 NTT 研究所独自开发的日语解析技术"Richindexer"。

其次，我们导入循环神经网络，可以实现"原稿中的单词与单词之间的关联、先后顺序、前后关系等的机器学习"（技术开发本部进化 IT 中心 AI 工作站开发主任小间洋和先生）。这是因为，循环神经网络适用于深度学习技术中的时间顺序系列的数据处理。

试验刚开始时，AI 记者生成的文章如下。

冷湿是发表是是是泥石流灾害发表和是是是……

可以看出，生成的文章只是文字的罗列，意思完全不通。让 AI 记者进行 15 分钟左右的机器学习之后，生成的文章就稍微有些样子了。

根据气象台发布的数据显示，冷湿吸收在 20 日全天气流和的状态是成可能性大但是，上述文章中仍然存在单词排列以及助词使用等不准确的地方。让 AI 记者进行一整天的机器学习之后，就能够生成下面这样的文章了。

各位观众早上好，根据气象台发布的数据显示，受冷湿空气的影响，20 日全天九州地区的气流将一直处于不稳定的状态。

上述文章已经基本上没有语法错误了。NTT DATA 将试验的结果判定为基本上没有日语语法错误的水平。判定标准为原稿中"没有需要修改的地方"为满分 4 分，"需要修改 1~2 个单词"为 3 分。试验结果按此标准执行的话，得分为 3.86 分。

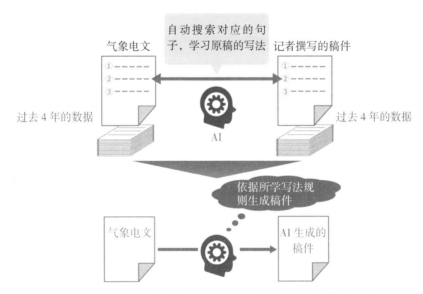

AI 通过气象台发布的数据以及实际的气象电文学习相关规则

与人类记者撰写的稿件相差甚远

AI记者的研究还有很多遗留课题。AI记者生成的稿件，与人类记者撰写的稿件内容有多接近这一点上，NTT DATA 的综合评判分数为 3.07 分。AI记者生成的稿件与人类记者撰写的稿件，在表述上没有矛盾之处的话可判定为满分 4 分，因此，3.07 分还很难称得上是一个及格的分数。

人类记者不但可以撰写自然流畅的气象电文，还可以根据时间以及目前的实际天气情况对内容进行及时的修改。即便是使用相同的数据，人类记者撰写的文章并不是一成不变的。

我们假设气象台早上 10 点发布的气象电文为"预计下午将有降雨"。随着时间的推移，如果上午就已经开始下雨的话，人类记者就会将中午的节目中使用的气象稿件改为"现在正下着雨"。再比如，对已发布的气象电文"预计雷电及大风将会加强"，人类记者会将信息修改补充为"预计随着雷电及大风加强，将会伴随降雨"。

NTT DATA 首先向我们展示了 AI 记者能够大量生产天气预报的稿件这一成果。并且在企业的决算报告、体育比赛的结果、政府部门的文件汇总等方面，也将展开 AI 记者应用的研发工作。公司内部人员介绍到"文章的书写模式在一定程度上能够格式化的领域，都可以展开 AI 记者的研究"（山田先生）。

今后，我们将与拥有大量数据的公司进行合作，不断积累经验，研发面向新闻机构的 AI 记者系统的建构与运用。

（高槻芳）

日经 AI 记者"决算摘要（Beta）"，10 秒钟生成原稿

日本经济新闻社于 2017 年 1 月正式导入了 AI 记者系统，即"决算摘要（Beta）"。从企业公开的决算资料中抽取业绩相关数据及要点，生成报道内容，刊登到日经电子版等媒体上。

决算摘要（Beta）　　　　　※ 依据企业公开的数据自动生成。点击了解详细内容

岛村 2017 年 2 月纯利润 328 亿日元，增长 32.8%

2017/4/3 15:02

🐦 f 🐘 ✉分享 ⌕保存 🖨打印　其他▾

　　岛村 3 日公布的 2017 年 2 月共同决算信息显示，纯利润为 328 亿日元，比前期增长 32.8%，营业额为 5654 亿日元，较前期增长 3.6%，经常利润为 500 亿日元，较前期增长 23%，营业利润为 487 亿日元，较前期增长 22.3%。

　　Divalo 业务上，对 3 家店铺进行改装后，营业额同比上一年有所减少，作为主力的岛村业务，对 3 家店铺进行了大规模改装，对 71 家店铺实施了节能改装后，营业额同比上一年有所增加。

　　预计 2018 年 2 月的纯利润为 385 亿日元，较前期增长 17.2%，营业额为 6100 亿日元，较前期增长 7.9%，经常利润为 576 亿日元，较前期增长 15.1%，营业利润为 567 亿日元，较前期增长 16.2%。

> **关于决算摘要的自动生成**
> 　　使用人工智能（AI）技术，依据企业在网上公开的决算资料自动生成有关业绩数据以及要点的文章。点击此处了解详细内容

日经新闻在日经电子版上公开的"决算摘要"内容

日经导入了使用人工智能（AI）的自我产权的文章生成系统，从原稿撰写至网站上传的所有流程都实现了自动化。灵活运用人类记者具备的撰写决算报道的技巧，不断提高文章的精确度。

上市公司在东京证券交易所运用的"TDnet（适时公开信息阅览服务）"上公开决算资料以后，Beta"10 秒钟之内就能生产原稿"（电子编排局编

排部的吉村大希先生），到上传至网站上只需 1~2 分钟。

原稿一般是针对 1 家上市公司公布的决算信息，按照"业绩""原因""预想"三大板块进行总结撰写。不仅可以根据公布的数据使用模板自动生成句子，还能够对营业额及利润等同比上年发生变化的原因进行分析，这也是决算摘要的最大特征。

信息处理的对象是关于决算的短的速报（有关决算的短消息），虽然有这样的制约，但是 AI 记者可以批量产出文章，而且其内容非常接近人类记者撰写的文章，这一点是人类记者所无法实现的。

决算摘要系统的研发得到了致力于 AI 研究的东京大学特任副教授松尾丰，以及擅长日语解析技术的语言理解研究所（ILU）的大力支持。该系统依据企业发布于 TDnet 的 XBRL（eXtensible Business Reporting Language）形式的数据和 PDF 形式的决算短消息自动生成文章。

抽出业绩说明所必需的信息

生成准确率高的文章关键在于，建构能够准确地抽出业绩说明所必需的信息的机制。使用自然语言处理技术，分析决算短消息里的文章表述是积极的还是消极的，单词间或者句子间存在着怎样的前后关系等。抽出解释营业额增加理由的句子，即准确找出与业绩存在因果关系的部分。

在决算短消息里面，通常含有很多像经营理念等与决算并无直接关系的内容。决算摘要里，针对约 1 万条决算短消息，需要人工来抽出解释业绩原因所必需的文章。根据抽出数据，设计计算方法，根据"人类记者的话会着眼于何处撰写文章"的观点，不断进行改良。

假设某企业的决算结果为赤字，但是决算短消息里却含有很多积极性的表述。这种情况下，人类记者会做出"企业方面特意将积极性的表述写进文章"的判断，从而忽视这些信息，也就是说不会对为什么出现积极性表述做出特别的说明，保证最后的文章内容前后一致，没有矛盾的地方。为了让 AI 记者也能做出这样的判断，我们来协调制作计算方法。

根据行业领域以及企业规模的不同，决算数值的变动幅度也不尽相同。

因此收入减少或者收益减少的幅度多少才能称之为"微减"就成为一个重要问题，其规则需要我们通过反复的试验进行验证。目前的决算摘要，决算短消息与原稿内容的整合性以及文章的正确率已经达到"90%以上"（电子编排局编排部部长江村亮一先生）。

受到国外 AI 记者应用发展的启发

日经新闻于 2015 年 1 月开始了 AI 技术的实用化研究。当时，负责日经电子版的电子编排局内部经常议论"著名的美国联合通讯社等国外众多媒体都导入了 AI 记者系统，我们新闻社是不是也可以做一些事情呢"，以此为契机，我们开始了 AI 研究。

我们在研究哪一个领域容易导入 AI 技术时，首先关注的是以 XBRL 形式在网上公开的决算信息，并与东京大学松尾研究室合作开始研发 AI 系统。2015 年夏天完成了初步的系统原型，至此，社内正式开始了 AI 技术的实用化研究。

当时，与电子编排局的研究工作同时开展的还有电子媒体局，该部门负责运营提供报道及企业信息检索服务的"日经 telecom"。电子媒体局与语言理解研究所（ILU）合作共同开发 AI 技术。社内的 AI 实用化研究如火如荼，最终于 2016 年 11 月决定将研发重点放在决算摘要上。

社内领导当时强调"希望研究成果尽早投入使用"，经研究讨论我们将决算摘要的面世日期定在了 2017 年 1 月，因为在此期间，国内的大多数企业都会公布 2016 年 10 月~12 月的决算状况。所以，留给我们的准备时间非常紧张。

我们首先以 ILU 的技术为基础开始了 AI 系统的研发，ILU 在日语解析以及自然文章的生成等广泛领域拥有很高的技术水平。现在，我们仍然依靠 ILU 的技术开展各项研究。今后，我们将研究导入与东京大学松尾研究室共同开发的新的计算方法。

人类记者继续撰写现场新闻

决算摘要的目的并不是为了减少人类记者撰写新闻稿件的数量。负责决算报道的编排局证券部的记者，仍然负责撰写现场新闻。

日经新闻将决算摘要定位为区别于通常的报道的新版块。现在，证券部的记者每人负责 100 家企业，约 3600 家的上市公司均有记者负责，重点报道哪一个企业完全由记者本人判断并执行。

决算摘要的运行，使更多的信息上传到了网站，通过分析读者的反应，我们能够更准确地判断出新闻价值高的公司。今后，我们将增加导入 AI 技术的领域，不断提高文章的准确度，为读者提供更多、更准确的信息。

（高槻芳）

人类记者与 AI 记者共同撰写新闻稿件，大幅提高文章准确度

引用数据撰写新闻稿件，撰写过程中很容易发生人为的错误。AI 记者撰写需要注意准确度的地方，人类记者负责文章整体的编辑。气象业界的大公司气象新闻公司采用的就是人类记者与 AI 记者分工合作共同撰写稿件的运营系统。

气象新闻公司于 2016 年 6 月正式导入了 AI 记者，负责撰写天气预报的文章，为电视台节目主持人提供天气预报节目中使用的稿件。目前，包括地方电视台在内的全国约 80% 的电视台都在使用该公司提供的稿件。以往，所有的稿件都是由人类记者撰写，现在，有关"降雨概率"的部分由 AI 记者负责撰写。

"接下来是降雨概率。从早上 6 点至傍晚 6 点省内各地的降雨概率均在 20% 左右。"类似于这样的文章可以由 AI 记者自动生成。在此基础之上，人类记者根据卫星云图和天气图追加"概观"，最后整合成为完整的天气预报稿件。起初，将人类记者撰写的 1 年的原稿导入 AI 系统，AI 记者依据各观测地的预测值，综合考虑地形的不同以及时间的变化，就可以自动生成文章。

AI 展示 10 篇候选稿件

AI 技术采用的是比深度学习更早面世的"结构化感知器"。"虽然没有深度学习的技术水平高，但是结构化感知器采用的是依据现场反馈提高文章质量的模式"（AI 创新中心的萩行正嗣先生），这也正是气象新闻公司的最大特点。

首先，AI 向人类记者展示 10 篇候选稿件。"上午各地的降雨概率均在 20% 左右，下午为 30%""上午、下午省内各地的降雨概率均在 20% 左

右""上午 6 点至傍晚 6 点，降雨概率在 30% 的地方变多"，等等，众多稿件均为候选。人类记者从这些候选中选取最合适的稿件。通过不断地学习哪些稿件被人类记者选定，AI 记者能够生成更加高质量的候选稿件。

气象 BSD 引用 电文 缩略图 CROW 新闻 参考稿件 统计

选择场景　×××× 节目（下午）16:36 ▼ 对象 日期 选择　20160715
recommend

0/10	20.00	降雨概率。上午、下午各地均在 20% 左右。	
8/10	17.00	降雨概率。上午、下午省内各地均在 20% 左右。	
2/10	−21.75	降雨概率。早上 6 点至傍晚 6，点 30% 的地方增多。	
6/10	10.00	降雨概率。早上 6 点至傍晚 6 点，省内各地均在 20% 左右。	
1/10	−54.00	降雨概率。上午各地均在 20% 左右。下午为 30%。	

AI 展示的 10 篇候选稿件

提高稿件质量还有其他的方法。实际展示的 10 篇候选稿件，AI 会判断出最完美的稿件，并置于第一位，排在后面的稿件的作用是"尽量展现出与排在前面的稿件不同的内容，以便于对比选择"（萩行先生），这也是 AI 记者的一个优势。

人类记者可以根据天气状况的实时变化随机应变，及时"修改"手头的文章，撰写出符合眼前实际情况的天气预报稿件。让 AI 记者学习人类记者的这些行为，根据实际情况自动生成稿件，目前要实现这一步还是相当困难的。因此，借助人类记者的力量，可以更容易保证稿件的质量。

将负责人从烦琐的工作中解放出来

气象新闻公司之所以导入 AI 记者系统，是为了"将负责撰写稿件的记者从烦琐的工作中解放出来，从而为顾客提供更高质量的服务"（放送气象运营组长奥田宗宏先生）。

负责人不需要再确认稿件中引用的数据是否有误，可以将节省下来的时间用于就"如何在傍晚的节目中播送天气预报"与节目负责人进行商讨，从而提高节目质量。

气象新闻公司还计划今后扩大 AI 记者的应用范围。2017 年 1 月，气象新闻公司开始试验自动生成有关"预计气温"的稿件，并计划在 5 月正式投入使用。

稿件书写模式固定的领域更有优势

人类通过编程设计让 AI 学习稿件的书写规则，从而自动生成内容具有一定格式的报道。利用自然语言处理及机器学习等 AI 技术，从公开的信息中抽出要点，生成语言自然、通顺的报道。这也是目前流行的 AI 记者的优势。

AI 记者最擅长在特定的领域里，简单地生成大量的稿件。例如天气预报、决算速报以及体育比赛的结果速报等。如今，AI 记者的实用化发展越来越快。

著名的美国联合通讯社自 2014 年起，使用 AI 记者自动生成有关美国企业决算的稿件。大学的体育联盟及棒球联盟的比赛结果速报也导入了 AI 记者。美国的《华盛顿邮报》就使用了 AI 记者，对 2016 年在里约热内卢举行的奥运会的比赛结果以及奖牌数量进行了报道。

充分理解 AI 记者的优势以及使用领域，灵活运用 AI 记者，可以提高业务效率，同时降低报道的错误率。

（高枧芳）

第 4 章

简单 AI 的制作

使用电脑驱动 AI，将黑白照片变成色调自然的彩色照片

如何将手头仅有的黑白照片，变成色调自然的彩色照片？早稻田大学的石川博教授研发的自动彩色化 AI 技术，让上述操作得以实现。通过对黑白和彩色组合进行机器学习，AI 可以自动"想象"色调。该项技术既可以在官方网站上体验，也可以安装相关程序到自己的电脑上运行。

左图是上色前的照片，右图是 AI 上色后的照片。照片色调自然，就像稍有褪色的彩色照片一样。

左图是上色前的黑白照片，右图是 AI 上色后的彩色照片。

操作系统使用的是 Linux 发行版"Ubuntu 16.04 LTS"。LTS 版本是一个可以享受 5 年保修的长期稳定版本，广泛应用于 AI 相关的软件开发中。但是需要注意的是在最新版的 Ubuntu 17.04 系统下，有一些功能无法正常

运行。可以从下载页面下载"Ubuntu- 16.04.2–desktop–amd64.iso",生成操作磁盘，下载 Ubuntu 16.04 LTS。

电脑内存最好在 4GB 以上，因为系统运行时需要消耗超过 2GB 的内存。如果是上色的话，CPU 处理只需要 10 秒钟左右，具有很强的实用性。机器学习的信息处理必须消耗一定的内存，但是 GPU 却不需要。虚拟机以及 64 比特版的 Windows 10 上运行的"Windows Subsystem for Linux"导入 Ubuntu 环境后也可以保证运行。但是，处理超过 512×512 像素的图片需要消耗一定的内存，从而导致电脑的运行速度下降，因此，我们还是推荐使用内存大的运行环境。

下载安装机器学习程序库"Torch"

这里介绍的自动彩色化技术，已经公开了源代码，但其版权属于知识共享的 BY–NC–SA 4.0，不可用于商业目的。同时，运营需要机器学习程序库"Torch"的支持。

首先，在 Ubuntu 16.04 环境下启动终端设备，下载安装 Torch。使用"git"命令下载源代码，获取 Torch 的源代码，启动安装程序。

```
$ sudo apt update
$ sudo apt install git
$ cd
$ git clone https://github.com/torch/distro.git ~/torch –recursive
$ cd ~/torch
$ ./install-deps
$ ./install.sh
$ source ~/ .bashrc
```

". / install-deps"是一个能够自动下载安装必需的安装包的工具，". / install.sh"是安装程序。"source ~/ .bashrc"可以反映安装程序的设定情况。

接下来就需要下载自动彩色化技术的源代码和机器学习完毕的模型数据。

```
$ cd
$ git clone https://github.com/satoshiiizuka/siggraph2016_colorization.git
$ cd ~/ siggraph2016_colorization
$ ./download_model.sh
```

"./download_model.sh"是一个下载学习模型的工具。

到此，彩色化的工具就具备了运行所需的各项条件。通过先前下载安装的 Torch 运行的脚本语言 "colorize.lua"，根据已经机器学习完毕的模型，就可以实施上色处理。

```
$ th colorize. lua  黑白图片文件名称
彩色图片文件名称
```

例如，将文件名为 "01.jpg" 的黑白照片转变成彩色照片，需要输入 "th colorize.lua 01.jpg out.jpg"。如果省略彩色照片文件名的话就会变成标准文件 "out.png"。

左图为黑白照片，右图是 AI 上色后的彩色照片。照片上的色调没有调整好。

（高桥秀和）

随时随地，与世界上最强的将棋 AI 对弈

将棋 AI 是最具代表性的人工智能（AI）。2017 年，第 27 届世界电脑将棋选手公开赛举行，在这场 AI 间的冠军争夺赛中，泷泽诚先生的"elmo"获得了第 1 名。elmo 已经将将棋 AI 最核心的学习数据和学习程序部分公开，因此我们可以在电脑的 Windows 系统上简单地与世界上最强的将棋 AI 对弈。

elmo 公开的是"评价函数"和"定式"的各项数据，在与将棋 AI 对弈时，还需要另外准备其他所必需的功能。在此，我们与 elmo 的基础技术"YaneuraOu 2017 Early"进行组合。YaneuraOu 是由 Yaneura 先生制作的将棋 AI，很多将棋 AI 都将其作为程序库使用。

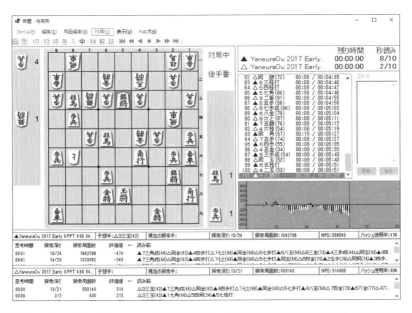

与将棋 AI "elmo" 对弈。elmo 本身没有 GUI，这里我们使用的是 GUI 软件"将棋所"。

首先，下载 YaneuraOu 适用于 Windows 系统的可执行文件。文件可以在源代码共享网站"GitHub"上下载，进入 YaneuraOu 的页面，在"exe/2017Early"目录中下载可执行文件。

下载 elmo 的基础技术"YaneuraOu 2017 Early"的可执行文件，
点击文件名按下"Download"按钮。

可以免费下载的可执行文件，共有 CPU 扩张命令和设定不同的 6 种类型。标准文件是"YaneuraOu-2017-early.exe"，使用前提是必须安装 2013 年销售的 Haswell 型号以后的 Intel Core i 系列的 AVX2 命令。之前版本的 CPU 需要选择"YaneuraOu-2017-early-sse42.exe"。不管是哪一个版本，最后都要以标准的 YaneuraOu-2017-early.exe 进行重命名。然后点击"YaneuraOu / exe / 2017 Early / YaneuraOu-2017-early_ja.txt"，按下"Raw"按钮，执行"另存为"命令，与可执行文件下载到同一个文件夹。

准备 "YaneuraOu 2017 Early"。在任意一个文件夹中新建可执行文件和 "book" (定式) "eval" (评价函数)。

接下来，进入 elmo 的评价函数和定式数据的网页，点击画面右上角的 "↓" 按钮进行下载。文件名是 "elmo.shogi.zip"。从展开的文件夹中选择 "eval" 和 "book / yaneura_format"，并以 "book" 进行重命名，将两个文件复制到 "YaneuraOu 2017 Early" 所在文件夹。

下载 elmo 的评价函数和定式数据，点击画面右上角的 "↓" 按钮进行下载。

准备对弈用的客户端软件

有了前面这些准备，elmo 通过 USI (Universal Shogi Interface) 网络传送协议已经可以进行对弈了。人与 elmo 进行对弈时，需要安装模仿了将棋盘的 GUI 的对应软件。这里我们使用的是 USI 对应软件 "将棋所"。从 "下载" 链接里获取最新版本 (2017 年 6 月 11 日为 3.9.1 版)，在任意的文件夹里展开，打开执行 "Shogidokoro.exe"。

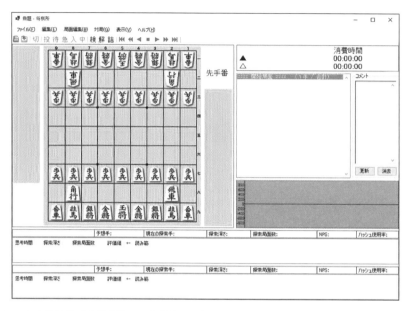

GUI 客户端软件"将棋所"。可以登录 USI（Universal Shogi Interface）对应的将棋 AI。

　　刚执行结束的时候，将棋 AI 还没有被登录。此时，打开"对局"菜单下的"引擎管理"，按下"追加"按钮，选择先前准备的 YaneuraOu–

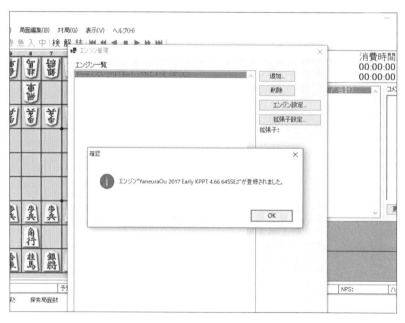

将 elmo 作为将棋引擎登录。通过"对局"—"引擎管理"—"追加"
选择 YaneuraOu–2017–early.exe。

2017-early.exe 文件。登录后，打开"引擎设定"命令，将"定式的 depth
下限（0 = 没有下限）值"从"16"改为"0"。

然后从"对局"菜单中选择"对局"命令，走法选择"YaneuraOu
2017 Early"。设定好"一步棋时间""读秒"之后，按下"对局开始"按钮。
一般情况下，给将棋 AI 设定的时间越长程序也就越强，因此，我们可以
根据电脑的性能以及自己的将棋实力，实际设定一步棋的时间长短。

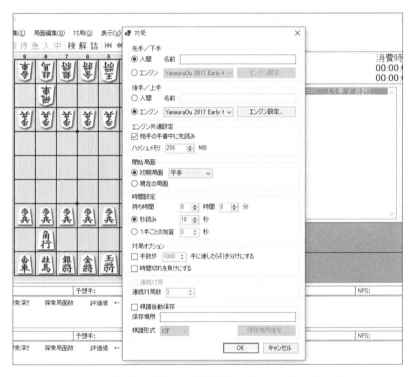

对弈时，为将棋 AI 指定先下还是后下的棋步走法后，开始对弈。

（高桥秀和）

AI 自动为用线条勾勒出的简笔画上色

人工智能（AI）"PaintsChainer"能够为只用线条勾勒出的简笔画自动上色。可以在官方网站上直接体验，另外，Preferred Networks 公开了其研发的机器学习库"Chainer"上运行的程序和学习模型，我们也可以在自己的电脑上体验。

安装设定好的系统环境

Chainer 作为一个 Web 应用程序，经由服务器访问 AI。在此，为了节省设定服务器的劳力和时间，我们启动运行，使用应用容器引擎"Docker"设定好的 PaintsChainer。

给只用线条勾勒出的简笔画自动上色的 "PaintsChainer"

（简笔画出处：Grimm's Household Tales，1912）

Docker 应用容器引擎是一个融合了 Chainer 和操纵 Chainer 的程序语言 "Python" 的运行环境，以及 PaintsChainer 程序的虚拟 OS 环境。Docker 的运行环境，也使用前面介绍过的 Linux 发行版 "Ubuntu 16.04 LTS"。从下载页面下载 "Ubuntu- 16.04.2–desktop–amd64.iso"，在刻录入 DVD 或者 USB 的操作磁盘上安装 Ubuntu 16.04 LTS。

Ubuntu 环境准备好以后，打开 "终端设备" 首先输入以下命令，安装 Docker。

```
$ sudo apt update
$ sudo apt install docker . io
$ sudo gpasswd –a $USER docker
```

安装完成后，为了反映出导入 Docker 时被变更的群组设定，需要先从 Ubuntu 退出后再登录。此时，操纵应用容器引擎 "Docker" 的命令就能够生效了。

接下来，使用 Docker 命令下载并启动 PaintsChainer 的运行环境。启动只使用 PC 的 CPU 和使用美国 NVIDIA 版的 GPU 处理的应用容器引擎时，使用命令是不同的。如果只是自动上色的话，即便是仅使用 CPU，只需要 10 秒钟左右就可以处理完毕，因此，只是尝试几处着色的话使用 CPU 版就已经足够应对了。

启动 CPU 版的 PaintsChainer，执行以下命令。

```
$ docker run--name paintschainer--rm -p 8000: 8000 -e
PAINTSCHAINER_ GPU = -1 liamjones / paintschainer-docker
```

PaintsChainer 的 Docker 镜像自动下载，启动 Docker 应用容器引擎的虚拟 OS 环境。

选择 GPU 版时，执行以下命令

```
$ nvidia-docker run --name
paintschainer --rm -p 8000: 8000
liamjones / paintschainer-docker
```

GPU 版的操作环境，需要美国 NVIDIA 版的 GPU。但是，对应的 GPU 只限于表示功能过多的"Computer Capability" 3.0 版本以上。Computer Capability 可以在"http://developer. nvidia. com / cuda-gpus"上确认。例如，GeForce 系列中，"GT 640"（除了 GDDR3 版本）以后版本都符合条件。

给 AI 提供"提示"，调和出喜欢的色调

CPU 版、GPU 版，在启动后都是通过网页浏览器来使用 PaintsChainer。Mozilla Firefox 等网页浏览器,访问"http: //localhost: 8000 /"的话先前启动的 PaintsChainer 页面就会出现。通过"上传"键读取 JPEG 或者不含透明信息的 PNG 的黑白图片，便可实现自动上色。输出结果是大小为 512×512 像素的图片。如果是大小超过 512×512 像素的话，伴随图片尺寸的变化，可能会出现线条模糊或者消失的现象，导致着色效果不佳。

如果对 AI 自动着色的效果不是很满意的话，可以使用画笔在图片的任意部位着色，这样就可以给 AI 以"提示"。不用把图片全部涂抹，只画出点或者线就足够给 AI 提供提示。AI 根据提示重新做出调整，甚至完全改变原来的着色方案。感兴趣的读者可以多做尝试。

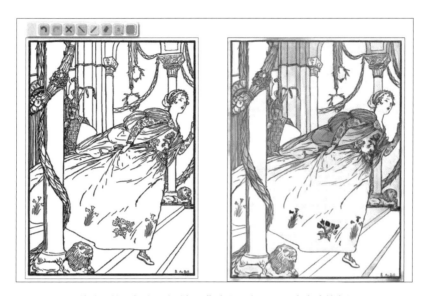

给简笔画的一部分设定"提示"色调，便可调和出喜欢的色调。

（简笔画出处：Grimm's Household Tales，1912）

（高桥秀和）

谷歌的艺术家 AI，自动谱写巴赫风乐曲

我们经常听的巴赫的曲子，AI 也可以为我们自动谱写。这一聚焦艺术领域的 AI 技术是由美国谷歌的研究团队研发的，其成果就是 "Magenta"。"音乐之父" 巴赫的乐曲，研究团队通过编程让 AI 进行机器学习，并已经公开了研发的 AI 程序。

安装艺术 AI "Magenta"

使用 Magenta，需要准备 Matenga 主体以及 AI 的基本数据，即学习完毕的模型。Magenta 的研究团队使用的是给应用容器引擎 "Docker" 提供的已经设定好的系统环境。操作系统的环境是 Ubuntu 16.04 LTS。如果没有 Ubuntu 环境，从下载页面下载 "Ubuntu- 16.04.2–desktop–amd64.iso"，在刻录入 DVD 或者 USB 的操作磁盘上安装 Ubuntu 16.04 LTS。

Ubuntu 环境准备好以后，启动 "终端设备" 并登录 Ubuntu，首先输入以下命令，安装 Docker。

```
$ sudo apt update
$ sudo apt install docker . io
$ sudo gpasswd –a $USER docker
```

安装完成后，为了反映出导入 Docker 时被变更的群组设定，需要先从 Ubuntu 退出后再登录。这样的话，操纵应用容器引擎 "Docker" 的命令就能够生效了。执行下面的命令的话，就可以启动 Matenga 的应用容器引擎，作为虚拟 OS 环境的管理者（root）处于登录状态。

```
$ docker run–it–p 6006: 6006-v / tmp / magenta: / magenta-data
tensorflow / magenta
```

"Matenga" 音乐 AI 谱写曲子的输出文件。这是一首比较好听的曲子，谱写得不错。

AI 谱写自然的曲调

Magenta 拥有能够自动谱写单音旋律以及伴有和音的曲子的 AI。例如，执行以下命令，可以输出 MIDI 形式的单音旋律。命令中的"＼（实际命令中为半角格式）"是一个可以让换行无效的特殊字符，这里使用该字符是为了让长的命令能够清楚地展示出来。使用日语键盘的话可以通过"￥"键进行输入。

```
# melody_rnn_generate ＼
    --config = lookback_rnn ＼
    --bundle_file = /magenta-models/
Lookback_rnn.mag ＼
    --output_dir = /magenta-data/ ＼
    --num_outputs = 5 ＼
    --num_steps = 128 ＼
    --primer_melody = " [60] "
```

"--bundle_file"指定的是深度学习已经学习完毕的模型。"--output_dir = /magenta-data/"是音乐文件的输出文件夹。应用容器内的magenta-data目录，被分配到主机操作系统的Ubuntu的/tmp/magenta目录里。"--num_outputs = 5"命令使输出数为5，"--num_steps = 128"命令决定曲子的长度，"--primer_melody = " [60] ""可以决定第一个音符。数字代表MIDI规格的音符编号（音的高低），60就是C（所谓的Do）调。

执行命令以后，AI会将自动生成的曲子保存到Ubuntu下的"/tmp/magenta"目录里。生成的文件格式为MIDI形式，所以可以使用Windows的MIDI播放功能或者使用MIDI播放器进行欣赏。

谱写巴赫调乐曲

除了单音旋律之外，下面我们再尝试谱写时使用输出和音的学习模型进行作曲。

```
# polyphony_rnn_generate \
    --bundle_file = / polyphony_rnn.mag \
    --output_dir = /magenta-data/ \
    --num_outputs = 5 \
    --num_steps = 128 \
    --primer_pitches = " [60, 64, 67] "
    \
    --condition_on_primer = true \
    --inject_primer_during_generation = false
```

同样，输出的文件格式为MIDI形式。"--primer_pitches = " [60, 64, 67] ""命令表示的是曲子最先演奏的和音。60代表C（Do），64代表E（Mi），67代表G（So）。如果将64改为63将会降半拍，这个曲子将会以稍微寂寞的和音开始。

让 AI 将自己喜欢的曲子改编成巴赫风格

使用 AI 在谱写和音的曲子时，将"--inject_primer_during_generation"选择项设置为有效后，就可以从制定的曲子开始谱写巴赫风格乐曲。

```
# polyphony_rnn_generate \
   --bundle_file = / polyphony_rnn.mag \
   --output_dir = /magenta-data/ \
   --num_outputs = 5 \
   --num_steps = 128 \
   --primer_melody = " [64, -2, -2, -2, 64, -2, -2, -2, 69, -2, -2, -2, 71,
-2, -2, -2, 72, -2, -2, -2, 71, -2, -2, -2, 69, -2, -2, -2, -2, -2, -2] " \
   --condition_on_primer = false \
   --inject_primer_during_generation = true
```

"--primer_melody"命令可以指定演奏开始的曲子（此处作为例子的曲子是《荒城之月》）。将制定开头和音的"--condition_on_primer"选项设置为无效（false），在开头添加指定曲子的"--inject_primer_during_generation = true"选择项。这样的话，就能够实现指定的曲调不断重复循环于这个曲子中。

（高桥秀和）

源于谷歌的词典 AI：Word2vec

"Word2vec"是一项 AI 技术，它能够自动建构表示词与词之间关系的数据库。该技术能够通过机器学习，自动生成"分散表现"，即使用一个单词与另一个单词之间的关系来表示另外一组词的一个单词。例如，根据"东京"和"日本"的关系，如果出现"巴黎"一词，将会自动生成"法国"一词。

```
nikkei@ubuntu: ~/word2vec
nikkei@ubuntu:~/word2vec$ ./word-analogy vectors.bin
Enter three words (EXIT to break): tokyo japan paris

Word: tokyo  Position in vocabulary: 4915

Word: japan  Position in vocabulary: 582

Word: paris  Position in vocabulary: 1055

                              Word          Distance
--------------------------------------------------------
                            france          0.651051
                              vres          0.498932
                             italy          0.480930
                             vichy          0.474802
                        versailles          0.469825
                             spain          0.455287
                           germany          0.445952
                            french          0.429931
                            nantes          0.422567
                           etienne          0.421508
                          napoleon          0.420407
                         princesse          0.407494
                          grenoble          0.405905
                             seine          0.401765
                           bouches          0.397183
                             loire          0.396061
                          provence          0.394638
                       rescheduling         0.389487
                         marseille          0.388702
                         normandie          0.385455
```

"Word2vec"自动生成能够辨别单词间关系的词典

安装 "Word2vec"

Word2vec 技术，是由美国谷歌公司研发的，其源代码已经公开。操作系统环境同样适用 Ubuntu 16.04 LTS。如果没有 Ubuntu 环境，从下载页面

下载 "Ubuntu- 16.04.2–desktop–amd64.iso"，在刻录入 DVD 或者 USB 的操作磁盘上安装 Ubuntu 16.04 LTS。

Ubuntu 环境准备好以后，启动 "终端设备" 执行以下命令，下载 Word2vec 源代码生成（建立）执行文件夹。

```
$ sudo apt update
$ sudo apt install git
$ git clone https://github.com/svn2github/word2vec.git
$ cd word2vec
$ make
```

以上操作可以生成 Word2vec 的执行文件夹。词典最根本部分的机器学习就可以展开了。此时的文件夹里是 "空白" 的，还没有包含最根本部分的词典数据。

查询近义词

Word2vec 的词典数据，可以通过附带的样本文件 "demo–word.sh" 生成。输入并执行以下命令即可。

```
$ . / demo-word.sh
```

执行命令后，将会下载学习用的数据，并自动开始机器学习。我们需稍等片刻，至机器学习结束。

机器学习完成后，我们可以查询任何一个单词的意思。只要输入一个单词，与该单词意思相近的单词或者类似度较高的单词都会被检索并作为结果输出。例如，输入 "windows" 一词，将会有 "microsoft" "os" 等词输出。需要注意的是该程序如果输入大写字母的话，将会出现运行错误，所有的单词必须以小写字母的形式输入。

执行 demo-word.sh 后,可以查询意思相近的单词。例如,输入 "windows" 一词,将会有 "microsoft" 或者 "os" 等词输出。

判定词与词间的关系

我们还可以通过另一个样本文件 "word-analogy",判定词与词之间的关系。执行以下命令启动 word-analogy。

$. / word-analogy vectors. bin

"vectors. bin",就是使用前面介绍的 demo-word. sh 生成的词典数据。

执行 word-analogy 后,将会出现自动提示,此时需要输入 3 个单词。词与词之间使用半角空格进行区分,程序将会根据前两个单词的关系,自动生成与第 3 个单词相对应的单词。例如,输入 "usa" "nasa" "japan" 后,程序会根据 "USA 和 NASA" 的关系,自动生成与 "JAPAN" 相对应的 "JAXA"。

```
⊗ ⊖ ☐   nikkei@ubuntu: ~/word2vec
Enter three words (EXIT to break): usa nasa japan

Word: usa   Position in vocabulary: 1164

Word: nasa   Position in vocabulary: 3161

Word: japan  Position in vocabulary: 582

                                       Word            Distance
--------------------------------------------------------------
                                       jaxa            0.461860
                                   japanese            0.436984
                                   unmanned            0.435798
                                    orbiter            0.419146
                                        jpl            0.415922
                                    sputnik            0.412557
                                   kamchatka           0.410505
                                  spacecraft           0.404791
                                 spaceflight           0.394877
                                      nihon            0.394634
                                    mariner            0.392332
                                     manned            0.386084
                                       esoc            0.384937
                                    okinawa            0.382884
                                 rendezvous            0.381072
                                   toyotomi            0.376059
                                   shenzhou            0.375187
                                     jovian            0.369249
                                       gs3             0.367121
```

执行类推单词的 "word-analogy" 后的结果。输入 "usa" "nasa" "japan" 后，程序开始类推，"jaxa" 将会作为第 1 候选输出结果。

（高桥秀和）

117

Alexa

Alexa

美国亚马逊公司开发了音声助手软件"Alexa"。用户对程序说一句"今天的天气",程序将通过人工智能技术（AI）自动识别内容,并利用合成音声进行应答。

亚马逊将这项技术编入拥有云服务通信功能的智能音箱"Amazon Echo"以及"Amazon Echo Dot"等自主研发的产品中,并将 Alexa 系统向其他公司开放。汽车产业、家电产业等欧美企业相继导入该项技术。目前该系统能够使用的语言有英语和德语（截至2017 年 3 月）,日语应答功能尚未研发。

导入 Alexa 的 Amazon Echo,用户和其说话时"Alexa"将自动启动,并能回答家电操作、时间预约以及下单等相关问题,并可以通过语音指挥其播放音乐或者收音机,制作买东西的清单或者行程单,提供天气及交通信息等。虽然使用领域有限,但是 Alexa 的声音识别精度非常高。

2017 年 1 月,在美国举行的面向消费者的家电样品市场展"CES 2017"上,有将近 700 家企业展示了导入 Alexa 系统的产品。

美国福特以及德国大众（VW）都发布了搭载 Alexa 系统的车型。在车内和 Alexa 系统说话时,可以确认体育比赛的结果,还可以对家中的电器进行远程操作。

韩国 LG 电子还发布了搭载 Alexa 系统的智能电冰箱。用户可以检索菜谱、播放音乐、在亚马逊 EC（电商交易）网站上购物等。

"Skill"是一个可以运行 Alexa 的应用程序,亚马逊向用户提供开发 Skill 所需的各种配套元件。截至 2017 年 2 月 23 日，已经有超过 1 万种的 Skill 诞生。例如在美国，Uber Technologies（简称 Uber，优步）约车程序的 Skill，星巴克点餐程序的 Skill 等，都已经广泛投入使用。

亚马逊还充分利用本公司的云服务 Amazon Web Services（AWS），免费为用户提供研发 Alexa 的 Skill 的资源支持（有使用时间限制）。并且建立 Skill 研发的社交群体，不断扩大资源共享。

计划将 Alexa 导入自己 IoT（物联网）产品的公司，可以利用亚马逊面向技术研发人员提供的云服务 "Alexa Voice Service（AVS）"。AVS 向用户免费提供在 Alexa 中使用的音声识别以及自然语言处理等功能。

除了 Alexa 之外，各种各样的语音助手产品相继问世。美国苹果公司在智能手机上搭载的 "Siri"，是虚拟助力（VPA）的典型代表。在日本，2017 年 3 月 LINE 发布了独家研发的语音助手 "Clova（云端虚拟助手：Cloud Virtual Assistant，简写 Clova）"。该技术搭载于智能音箱 "WAVE"，并计划于 2017 年夏天正式发布。

（佐藤雅哉）

第 5 章

业务系统也可导入 AI

"主干系统"与"AI"间意想不到的关系

公司名	导入人工智能的代表性产品和服务	概要
欧洲 SAP	SAP Clea	2017 年 1 月发布了搭载机器学习的应用程序 "SAP Clea"。计划为会计、人事、市场等领域提供导入机器学习的应用程序
美国甲骨文公司	Adaptive Intelligent Applications	在云服务使用数据的基础上,提供 SNS 及 POS 等外部公司的数据分析,将 AI 导入 ERP 及 CRM 等应用程序。作为首期产品将向用户提供提高转化率的"Offers"
美国 Salesforce.com	Salesforce Einstein	2016 年 9 月发布了将 AI 导入 SaaS 的 "Salesforce Einstein"。从 2017 年春天导入的新版开始,在业务支持、市场营销等 8 个领域,正式为用户提供导入自家研发的 AI 技术服务
日立 SOLUTIONS	Lysithea/AI 分析	AI 自动分析人事管理系统 "Lysithea" 中的数据,预计在 2017 年 2 月开始"组织压力预测服务",5 月开始"组织运营诊断服务"
美国微软	Dynamics365	2016 年 11 月发布的 ERP "Dynamics365" 中导入了机器学习。"关系评价""需求预测"等服务的精度都比以往有大幅提高
Works Applications	HUE	2015 年 12 月发布的 ERP"HUE",依次导入 AI 技术。提供通过鼠标操作向 PDF 中导入 "Magic Paste",使用预测分析的输入辅助功能,以及寻找特定技能持有者的"寻人"功能等
美国 Workday	Retention Risk. Customer Collections	2014 年开始提供导入机器学习的应用程序。2017 年 3 月将要发布的最新版本中,将会向用户提供可以自己分析数据并灵活运用数据的服务 "Platform"

导入人工智能的代表性产品和服务

支撑会计以及销售、生产、人事等业务的主干系统,以及其周围业务等,都在积极导入 AI(人工智能)技术。推动这些业务发展的主要是导入 AI 技术的主干系统软件包以及 SaaS(Software-as-a-Service,软件即服务）。日本 Works Applications 的 ERP（企业资源计划）"HUE"，美国微软的 ERP "Dynamics 365" 等都已经实现了产品以及服务的实用化，使得 AI 在主干系统等业务系统中得以灵活应用。

　　ERP 最大的开发公司欧洲 SAP 于 2017 年 1 月，发布了导入 AI 技术之一的机器学习的应用程序 "SAP Clea"。目前，业务使用的提供时间以及使用形态尚不明确，预计将会推出自动查询发票和支付情况的 "SAP Cash Application"，以及从众多应聘者中寻找适合公司业务的 "SAP Resume Matching" 等多个应用程序。

欧洲 SAP 的 "SAP Clea" 介绍网页

　　提供 CRM（客户关系管理）领域的 SaaS 的美国 Salesforce.com，从 2017 年春天导入的新版开始，正式为用户提供导入自家研发的 AI 技术 "Salesforce Einstein" 等服务。Salesforce.com 市场本部产品营销部的资深董事御代茂树先生介绍道："我们并不是仅向用户提供 AI 技术'请您使用'，根据明确的目的，将 AI 技术导入应用程序为客户提供服务才是我们公司的特点。"

业务供应商奋力直追

不仅是国外的供应商积极导入 AI 技术，日本国内的 IT 供应商也在积极地开发导入 AI 技术的业务系统。

研究走在前列的是 Works Applications。据 HUE & ATE Div. ATE Dept. 的广原亚树介绍，2015 年 12 月起提供服务的 ERP 系统"HUE"，"作为产品理念，为了能够提供面向消费者的各项服务质量，我们导入了 AI 技术"。

HUE 导入了机器学习和自然语言处理技术。通过鼠标的拖动将生成的 PDF 形式的发票导入 HUE 中并读取其中的内容，然后将记载的各项信息以数据的形式自动输入。这是"Magic Paste"的代表性功能。

日立 SOLUTIONS 于 2017 年 2 月 6 日发布了"Lysithea/AI 分析"系列，这是以前发布的人事管理系统"Lysithea"的追加选项。第一阶段的研发产品有"组织压力预测服务"，可以从 Lysithea 的数据库中查找出接下来可能面临退休的工作人员。日立 SOLUTIONS 办公经理 SOLUTIONS 本部的办公数据商务部长盛井恒男先生表示，"如果没有依据大量数据制作模型的机器学习技术，上述功能是不可能实现的"。

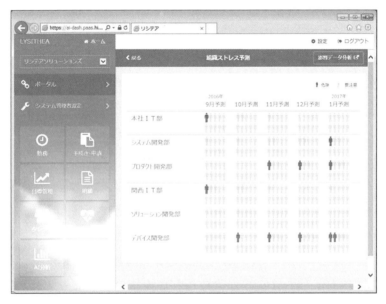

日立 SOLUTIONS 的 Lysithea 的页面例子（面向管理职位的页面）

（图片提供：日立 SOLUTIONS）

从“面向消费者”到面向企业

提供业务系统的各大企业，在专注 AI 技术的研发时，“与面向消费者的各种服务一样，将 AI 技术导入面向企业提供的软件及服务是势在必行的”［美国 Workday 的 Product Marking and Technology Strategy 的 Senior Vice President 丹·贝克（Dan Beck）先生］。

与谷歌和脸书提供的输入法预测功能和图片识别功能一样，Workday 以及 Works Applications 也在致力于面向企业服务的 AI 技术开发，为企业提供更大的便利性。

日本微软 Marketing & Operations Dynamics Business 的本部长田村元先生介绍道，“对用户来说，应用数据提供的数据越准确价值就越大”。

之前，就有通过导入 BI（商业智能）软件等手段将数据灵活运用于业务中的做法。最近，随着数据库（DB）的高速化发展，将销售或者存货等业务包管理的业务数据，加以实时地灵活运用成为主流。田村本部长介绍道：“在这些做法的基础之上，为了能够进一步提高预测的准确性，于是我们导入了 AI 技术。”

正因为是主干系统，才能够收集数据

面向主干系统和周边业务的系统以及 SaaS，AI 技术的导入还有一个理由，就是在这些领域中，容易收集能够灵活运用 AI 的各项数据。

研发 Lysithea 的日立 SOLUTIONS，Cross Industry 事业部 Office Management Solution 本部的山本重树本部长介绍到，“考虑面向企业的 AI 技术的应用，最大的瓶颈就是数据的数量和质量”。我们在考虑使用 Lysithea 的用户时，在人事这一特定的领域中，能够收集到各种数据。它们也都是灵活运用机器学习的 AI 技术的必要数据。以此为基础，我们开始着手使用 AI 技术的功能研发。人事管理系统 Lysithea 自发布以来，已经超过 20 年了。山本本部长还介绍到，“现有用户，如果能够灵活运用，很快就能够积累导入 AI 技术的各项数据”。

另外，SaaS 的环境下，能够将众多的用户数据灵活运用。SaaS 因是众多用户使用同一个应用程序，因此从 SaaS 的技术提供方来看，能够大量积累同一个项目的大量数据。SaaS 专门业务的 Workday 以及 Salesforce.com 灵活运用各自公司积累的各种数据，致力于研发应用于业务应用程序的数学模型。Workday 的贝克先生还介绍到，"在充分考虑匿名以及安全问题的基础之上，再对数据进行灵活运用"。

（岛田优子）

AI 成为 HR 的好帮手

2017 年，随着导入 AI（人工智能）的业务系统以及 SaaS 的快速发展，今后将致力于实现以下两大功能的研究：一是提供不使用 AI 就无法实现的功能，二是通过导入 AI 技术改善先前的业务系统以及 SaaS 相关功能。

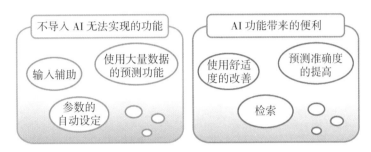

导入 AI 的业务系统以及 SaaS 的功能

不导入 AI 技术就无法实现的代表性功能，就是灵活运用积攒在业务系统或者 SaaS 上的数据的"找人"功能。日立 SOLUTIONS 的人事系统"Lysithea / AI 分析"的"组织压力预测服务"，美国 Workday 的 ERP（企业资源计划）功能"Retention Risk"，以及 Works Applications 的 ERP "HUE"的艺人搜索功能等都属于这一功能。

日立 SOLUTIONS 的"组织压力预测"功能，能够提前预测

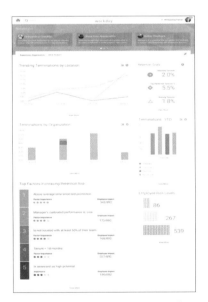

美国 Workday 的 "Retention Risk" 页面提供一种新功能：可以搜索可能辞职的员工
（图片提供：Workday）

可能需要休假的公司员工。在人事系统中积攒的部门调动情况、工作业绩、工资信息等基础上，再加上企业实施的问卷调查所掌握的约 120 种数据，使用机器学习技术对这些数据进行分析。如此，就可以做到及时向公司管理部门或者医务部门反馈，"接下来 2 个月内可能有需要休假的员工"等信息，以便尽早采取应对措施。

2016年12月	日立千晶	日立浩一	日立信夫	日立一博	日立雄一	日立麻衣	日立愛美	日立大朗	日立慎吾	日立俊輔
ケアの要否	ok	ok	[icon]	ok	ok	[icon]	ok	ok	ok	[icon]
2ヶ月前の平均残業時間(hr)	21.7	14.6	29.1	39.5	1.7	53.3	6.0	7.7	0.0	53.7
6ヶ月前の平均残業時間(hr)	34.4	13.8	64.5	10.5	14.3	21.0	10.7	0.0	0.5	45.1
3ヶ月前の平均残業時間(hr)	27.7	21.8	31.9	26.1	1.2	35.4	9.2	0.5	0.0	55.3
4ヶ月前の平均残業時間(hr)	23.8	8.6	69.0	14.2	16.5	53.2	30.6	0.0	5.1	54.0
5ヶ月前の平均残業時間(hr)	22.0	22.6	57.1	13.3	28.7	49.8	3.4	0.0	0.0	25.9
仕事のコントロール	2.67	3.00	2.00	2.67	1.67	1.33	3.33	2.00	2.00	2.33
3ヶ月前の年休取得率	0	0	0	0	0	0	0	0	0	0
1ヶ月前の遅刻率	0.04762	0	0	0	0	0	0	0	0	0
年齢	25	25	25	37	35	23	33	28	26	29
3ヶ月前の上長変更回数	0	0	0	0	0	0	1	0	0	1
1ヶ月前の平均残業時間(hr)	22.0	32.4	29.5	36.7	6.8	49.6	9.8	2.9	0.4	54.9
5ヶ月前の休出率	0	0	0	0	0	0	0	0	0	0

日立 SOLUTIONS 的"Lysithea / AI 分析"的"组织压力预测服务"页面。面向医务部门的页面。

（图片提供：日立 SOLUTIONS）

据日立 SOLUTIONS 办公经理 SOLUTIONS 本部的办公数据商务部长盛井恒男先生介绍，在公司内部实施的实验结果显示，"公司需要休假的员工的预测准确率约为 53%"。盛井先生还提到，"以前积累在人事系统中的数据，其发挥作用的程度受到一定的限制，但是导入机器学习等 AI 技术后，我们能够为用户提供更多的新功能"。

通过关联词语查找人才

Works Applications 的 HUE 提供的"艺人搜索"功能，在进行人事信息检索时，与谷歌等搜索引擎相同，会显示具有关联的"关键词"，让我们迅速发掘公司内的各种人才。例如我们在选择职位调动候选人时，输入"营业员"，根据过去的搜索痕迹以及其他人的检索结果，"入职年度""工作地"等关联词语将会自动出现。

Works Applications 的 ERP "HUE" 的艺人搜索功能页面

（图片提供：Works Applications）

这些功能，通过自然语言处理以及机器学习技术，已经实际运用到了搜索引擎等面向消费者的网页服务中。在向用户提供的众多服务中，作为机器学习对象的数据容易收集，也比较容易给出关联词语。但是，面向公司内部的系统 ERP，显示关联词语的充分数据可能还无法收集。

在 HUE 中，不但可以通过关键词来搜索候选人员，还可以提供通知栏功能，即通过文章的形式在公司内发通知寻找合适的候选人员。例如提出问题"Java 技术人员中有没有精通 Oracle 的人员"，回答"大阪分公司的大阪太郎先生"。将这样一问一答的数据不断积累起来，就可以提高搜索结果的准确度。

通过电子邮件计算商务谈判的成功率

除了人事系统之外，AI 技术也被应用于其他领域，因此可以不断发掘 AI 新的实用功能。其中之一就有美国 Salesforce.com 提供的"Lead Scoring"功能。正在进行业务了解或者资料查询时，对可能成为客户的公司进行评估，为我们提供"实际上到底有多大的商务谈判成功率"。

Lead Scoring 的功能是读取并分析积累在技术辅助式营销（SFA）的数据以及与客户的往来邮件，依据过去的成功案例，判断目前的谈判案例并进行打分。根据谈判时面向企业还是面向消费者，谈判内容是什么等不同，计算出的成功率也是不同的。通过制作多个不同的模型，为谈判案例进行打分。

Lead Scoring 可以通过向 Salesforce.com 的 SFA 的页面上输入信息来使用其功能。点击 SFA 页面上的"Einstein"按钮进行打分，还可以使用 Einstein 的其他功能。以往，我们在判断与客户签约成功率的时候，大都是依靠业务负责人的经验进行估算。即便是与以往的数据进行对比，也只能查找过去的某些类似案例。

Salesforce.com 市场本部产品营销部的资深董事御代茂树先生介绍到，像 Lead Scoring 一样，利用导入了 Einstein 的 SFA 功能，"我们还可以分析业务负责人与客户的性格是否合得来，从而来判断接下来的业务方式是否需要改变"。

用户体验和商业智能（BI）软件的改善

用户接口改善，是使用 AI 技术让现有功能得以大幅提高的例子之一。Works Applications 的 HUE 的"Magic Paste"功能，通过鼠标拖动将发票等票据导入会计模块的输入页面，系统能够抽出票据中需要填写的部分，自动输入相关信息。

Works Applications 的 HUE & ATE Div. ATE Dept. 的资深研究员石野明先生介绍到，"能够判别姓名、住所、产品名称等字符串的自然语言处理技术发挥着重要作用"。

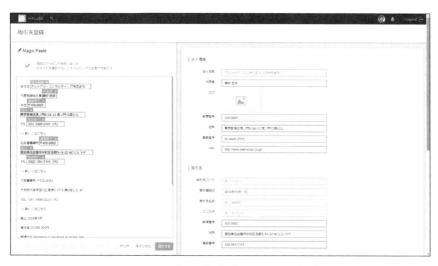

Works Applications "HUE" 的 "Magic Paste" 功能的例子

（图片提供：Works Applications）

另外一个研究领域是通过导入 AI，强化现有的各种功能，也就是 BI（商业智能）。要充分利用由业务系统以及 SaaS 构筑的主干系统的数据，一般情况下我们会借助 BI 软件。将这些数据导入机器学习当中，生成新的产品和服务。

微软 Marketing & Operations Dynamics Business 的本部长田村元先生介绍到，微软的 ERP "Dynamics365" 的环境下，"通过导入 AI 技术，分析人类无法读取的数据，进一步强化已有功能"。田村部长还强调说，需求预测、现金流量预测、库存预测等，"BI 中无法预测的未来的数据，可以通过导入 AI 实现预测功能"。

Dynamics 365，与统合了机器学习等技术的数据分析服务 "Cortana Intelligence" 一同为用户提供服务。田村部长指出，"当用户想充分使用自己的数据时，就不仅限于 Dynamics 365 的数据了，还可以导入其他各种各样的数据并加以灵活运用"。

BI 软件中搭载了机器学习功能，要把在此生成的模型应用到业务系统中，离不开 SAP 的支持。数据分析软件 "SAP Business Objects Predictive Analytics" 的一个功能就是搭载了机器学习技术。例如在产品促销中，我们按照过去的促销数据制作模型，并将模型导入 CRM（客户关系管理）等业务应用程序中。这一模型不仅可以应用到 SAP 的业务应用程序中，也可以应用到 Java 和 html 环境下开发的应用程序中。

（岛田优子）

ERP 的灵活应用，关键还是在数据上

导入搭载 AI（人工智能）的业务系统或者 SaaS，需要如何操作呢？灵活应用 AI 技术数据精度的提高以及模型生成需要花费一定的时间。系统导入过程中，需要数据处理专家的技术支持。它与传统的业务系统或者 SaaS 有诸多不同，导入过程中需要特别关注。

有效发挥 AI 的作用，最重要的就是要保证促使 AI 充分发挥功能的数据的数量和质量。业务系统和 SaaS 同样如此。除了充分利用系统或者 SaaS 中积累的数据，现在也开始关注公司外的数据的灵活运用。

要充分使用业务系统或者 SaaS 中的数据，发挥 AI 的功能，必须有大量的数据来支持。例如，日立 SOLUTIONS 预测可能休假的员工的"Lysithea / AI 分析·组织压力预测服务"，需要使用每一位职员的将近 120 个项目的数据，且需要 3 年的数据。

Cross Industry 事业部 Office Management Solution 本部的山本重树本部长介绍到，"要充分发挥人事系统 Lysithea 的作用，必须积累各种必要的数据，还需要对员工进行问卷调查，追加调查所得数据"。

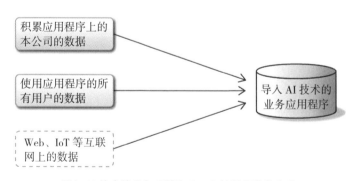

导入 AI 技术的业务系统和 SaaS 的数据收集方法

再例如美国 Workday 的 Product Marking and Technology Strategy 的 Senior Vice President 丹·贝克先生指出，"持续使用本公司的 ERP（企业资源计划）1 年半左右，便可积累到进行机器学习所需的数据"。

Workday 的 ERP 的另一个功能"Retention Risk"，可以预测员工的辞职概率。此时，需要员工的工作业绩、工资、受教育情况、上司等信息作为分析数据。"使用本公司的 ERP 便可自动收集到这些数据。但是，如果使用方法不当，或者机器学习所需的数据没有达到质和量的要求，机器学习的功能将无法正常发挥。"（贝克先生）

美国 Workday 的"Retention Risk"的页面
充分利用各种数据分析每一位员工辞职的风险度

（图片提供：Workday）

甲骨文公司充分利用网上数据

SaaS 的环境下，我们充分利用所有用户的业务数据，不断提高机器学习模型的精度。

Works Applications 的 ERP "HUE"，会按照所有用户的数据和各公司自己的数据两个类型制作"词典"，并使用导入了 AI 技术的输入辅助功能。"企业名称等属于一般名字，可以实现共享。但是，个人名称等无法在共享词典中使用。在 ERP 领域，也有很多不能共享的数据，因此需要我们慎重判断数据是否可以共享，从而充分利用各种数据。"（HUE & ATE Div. 的资深研究员石野明先生）

美国的 Salesforce.com，依据所有用户的数据，由公司内的数据分析专家构筑各种模式的模型。然后一边验证模型，一边将其实际装配到 SaaS 中，并用这种方法发挥 AI 的作用。Salesforce.com 的市场营销本部 Product Marking 的田崎纯一郎技术指挥说到，"我们最大的优势在于拥有来自世界各地的庞大的用户数据。各 AI 相关企业的数据处理专家，可以利用这些数据开发高精度的模型"。

美国甲骨文公司除了利用 SaaS 的所有用户数据之外，还从外部公司购买相关数据，不断提高数据的数量和质量。公司计划推出导入了 AI 技术的应用程序群体的服务，其名称为 "Adaptive Intelligent Applications"。

甲骨文公司收集 POS 数据、SNS（社交网络服务）数据和统计数据等第三方提供的数据，并将其与 SaaS 中的数据相结合，以提高所提供服务的质量。日本甲骨文公司的云应用事业统括部、事业开发本部的商业企划推进部长野田由佳说道："为了能够为用户提供高精度的 AI 技术，公司当前的主要目标就是储备庞大的数据信息。"

今后计划陆续推出 "Offers"，它可以为用户推荐符合其自身兴趣、爱好的商品或者服务，营业资本最优化的辅助系统 "Discounts"，以及在短时间内寻找最合适人才的 "Candidate Experience" 等功能。这些都将以云服务的形式向用户提供。野田部长也提到"正因为是云服务，才能够灵活运用网络上的各种数据"。现在，美国方面正在积极收集各种数据信息，"在日本，如果国内有特别需求的话，我们也会考虑增加新的业务研发工作"（野田先生）。

ERP 导入过程中，数据处理专家大显身手

收集到了足够的数据，能够充分发挥 AI 功能之后，我们就可以把这些数据导入业务系统或者 SaaS。一般情况下，我们会先对相关要素进行定义，之后进行参数设定。导入 AI 的业务系统或者 SaaS 的环境下，还必须增加导入 AI 的相关操作过程。

美国 Salesforce.com 的"Lead Scoring"可以预测商务谈判的成功率。首先需要花费 24 小时的时间将数据导入 Salesforce 的 SaaS 中，然后每隔一个小时对数据进行一次更新，不断提高模型的精度。完成这些操作，系统便可投入使用。Salesforce.com 的田崎技术指挥提到，"仅需 1 周左右的时间，预测功能的精度就会得到大幅提高"。另外，"为了能够真正实现系统的实用化，必须保证有 1000 项以上的与 Lead 相关的数据"（田崎技术指挥）。

日立 SOLUTIONS，还为用户提供为期 1 个月左右的系统导入支援服务。导入数据并使用机器学习方法进行分析，建构适合各个企业的系统模型等操作，都是由日立 SOLUTIONS 的技术人员负责实施。为了能够顺利导入 AI 相关的各种操作，数据处理专家或者掌握 AI 知识技术的 AI 工程师是必不可少的。

参数设定也因导入 AI 实现自动化

根据不同的 AI 技术，也有人研究如何改变业务系统或者 SaaS 的导入方法。

Works Applications 还在尝试，如何使用 AI 技术对系统中以往积累的数据进行分析，从而实现适合该企业的参数设定操作的自动化。这种情况下，需要将以往系统中的数据先转移到新的系统中，然后使用 AI 技术

对其参数实施最优化操作。最后，无法自动设定的参数由人工手动输入完成。

Works Applications 的 ERP "HUE" 的导入操作过程

Works Applications 的资深研究员石野明先生介绍到，"重复出现的截止日期，规则性的数据处理等操作，可以根据以往的业务数据进行类推"。Works Applications 的参数设定自动化的实现，不但提高了系统导入时的工作效率，而且还减轻了以往负责参数设定的 IT 工程师的负担，让他们有更多的时间为客户提供其他服务。

（岛田优子）

第 6 章
值得关注的 AI 新闻

美国谷歌高举"AI 优先"大旗，开拓日本市场

美国谷歌在新服务的开发中灵活运用 AI 技术，积极推进"AI 优先"的经营战略。2017 年 5 月 17 日至 19 日，在美国加利福尼亚州芒廷维尤的本社近郊，举行了研发人员会议"Google I/O 2017"，会上相继发布导入了 AI 技术的新的应用程序。

谷歌的用户界面（UI）操作，从传统的触摸屏以及键盘文字输入等方法，向语音识别以及图像识别等新的方法发生转变。谷歌负责人在 Google I / O 上表示，不仅会将语音助手"Google Assistant"搭载到安卓系统智能手机和平板电脑、音箱终端设备"Google Home"上，今后还会将其搭载到智能电视机"Android TV"、德国奥迪等 Android 车载终端设备，以及美国苹果的 iOS 终端设备上。

美国谷歌 CEO 桑德尔·皮蔡

Google Assistant 是为了替换旧版的"Google Now"，于 2016 年推出的新版语音助手,它可以分辨多个不同用户的声音。如果向语音助手提问"我接下来的行程是什么？"语音助手将会以音声方式告诉发问人接下来的行程安排。Google Assistant 于 2017 年 5 月开始提供日语的语音识别服务，并计划在 2017 年内，在日本市场正式推出日语的 Google Home。

智能手机深度学习的高速化

谷歌发布了搭载图像识别功能的智能手机应用程序"Google Lens"。用户随意拍一张街景照片，就可以通过这个程序知道照片里出现的店铺的详细情况。拍一张花的照片，同样可以通过这个程序知道花的名字。

谷歌还发布了为搭载空间识别功能的 Android 智能手机"Tango"开发的室内位置信息服务"Visual Positioning Service"。用户在超市里启动 Tango 的照相功能，空间识别功能将获取店内的空间信息，并将该信息与谷歌事前获取的店内的空间信息进行对照，于是就可以知道该用户此时正在超市的哪一个位置。

名称	概要
Cloud TPU	深度学习专用芯片"TPU"第 2 代。第 1 代是推理专用，第 2 代开始导入机器学习。处理性能为 180tera FLOPS
Google Cloud TPU	能够利用 Cloud TPU 的云服务
AutoML	人工神经网络构造调整自动化技术
Visual Positioning Service（VPS）	室内空间的位置信息服务。能够在搭载空间识别功能的 Android 智能手机"Tango"上使用
Google Assistant（功能强化）	也可向 iOS 搭载语音助手。能够识别日语，计划于 2017 年内在日本市场正式推出搭载该功能的 Google Home
Google Lens	搭载图像识别功能的相机应用程序，能够迅速知道花等的名字

Google I / O 上发布的 AI 相关产品

谷歌为了推进 AI 技术在智能手机应用程序上的应用，将开源型深度学习库"TensorFlow"的简化版导入了 Android 系统。并计划以"TensorFlow Lite"的名称，搭载到将于 2017 年下半年推出的移动电话"Android O"，还计划将深度学习搭载到因智能手机的 DSP（Digtial Signal Processor）实现高速化的"人工神经网络 API（Application Programming Interface，即应用程序编程接口）"。

谷歌还发布了不依靠人类便可完成自我改善的技术"AutoML"。通过不断尝试改变用于深度学习的人工神经网络的构造，AI 能够自动构建高精度的人工神经网络。

AutoML 采用了"深度强化学习"这一技术。这是将 AI 不断地自动重复各种尝试的"强化学习"与深度学习融合在一起的一种新技术。深度强化学习便是在与世界最强职业九段棋手柯洁三局两胜的对弈中，取得完全胜利的 AI（AlphaGo）的关键技术。

（中田敦）

LINE 战略做出调整：从应用程序到 AI

2017 年，LINE 推出了导入人工智能（AI）的新的发展战略，发布了代替智能手机应用程序的云端虚拟助手"Clova"。LINE 导入了从短消息应用程序到游戏、动画、聊天机器人等智能手机程序，这预示着其经营战略将要做出大的调整。

LINE 不仅关注传统的智能手机业务，而且将"Clova"导入 AI 音箱、汽车、小卖店终端设备、IoT（物联网）机器等各种领域，让 Clova 成长为 LINE 业务的中坚力量。如今，除了智能手机，各种智能移动电话相继问世且发展势头迅猛，在这一大环境下，LINE 试图从 Clova 中寻找新的出路。

LINE 董事会 CSMO（Chief Strategy & Marketing Officer）舛田淳于 2017 年 6 月 15 日，在公司的年度活动"LINE CONFERENCE 2017"中，就公司今后 5 年的经营战略问题做了如下说明，"我们将积极推进 Clova 与各种智能移动设备进行联结的系统平台开发，与合作者共同努力构筑生态系统"。

LINE 确定将今后的 5 年作为 AI 业务的"投资期间"，"我们将扩大 Clova 的基础设施以及系统平台的相关业务"（舛田 CSMO）。据 LINE 相关

LINE 董事会首席战略市场官（Chief Strategy & Marketing Officer）舛田淳先生表示公司将重点发展云人工智能服务（Clova）

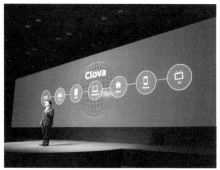

将各种智能移动设备与 Clova 相联结

负责人透露，企业的 AI 业务估计要在 3~5 年才能取得利润。在新产品进入市场之前，需要先建设好 Clova 的基础设施，公司的经营战略是 "AI 不断影响着世界的发展进步，我们要走在其他企业前面，抢占先机"。

因 Clova 发生变化的商业模型

2017 年第 1 季度（1 月—3 月），LINE 决算信息显示，各种业务的营业额比例：来自 LINE 官方公众号及新闻的广告业务占 43%，游戏、漫画、音乐等板块业务占 27%，聊天应用程序的表情包及界面装饰灯社交业务占 21%，官方商品销售以及 LINE 支付的手续费等业务占 10%。从上述数据可以看出，目前 LINE 的商业模型大都与智能手机有关。

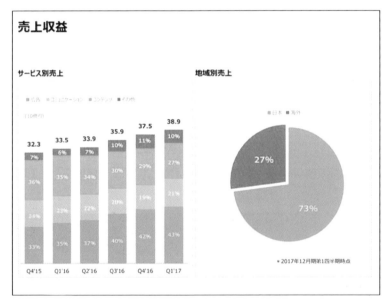

从 LINE 各种业务的营业额比例可以看出，大部分业务都与智能手机有关

（出处：LINE）

如果将 Clova 与智能手机以外的机器设备相关联的话，LINE 的收入源将扩大到 AI 音箱、汽车、小卖店、IoT 机器等。LINE 的 CEO（首席执行官）出泽刚在 "LINE CONFERENCE 2017" 中表示，LINE 已经与丰田汽车、全

家、伊藤忠商事等企业展开了合作，今后将在汽车产业以及小型贩卖业中导入 Clova。

出泽刚表示"具体的商业模型，今后我们将具体讨论"，并提出要在互联汽车业务中开展语音操作以及音乐播放等服务。另外将来在与全家的合作中，要通过导入 Clova 分析各加盟店的营业数据、顾客信息以及提供翻译等服务。这一内容是以动画形式介绍的。

使用 Clova 分析全家超市客流的图片

智能手机之外的智能机器设备如果也能够充分发挥 Clova 的作用，在之前没能涉猎的行业中，LINE 也就能够开创出像大数据分析一样的业务。那么，目前以广告收入为主要收入来源的 LINE 的经营将发生巨大的变化。

智能移动设备的普及促进了 Clova 的发展

LINE 于 2017 年 3 月发布了 Clova，这是与韩国 NAVER 共同开发的技术。它由代替语音合成与图像识别等五官的"接口功能"与自然语言处理、语言翻译、推荐引擎等"AI 功能"的两大功能构成。发布当初，多被大众看成是搭载在 AI 音箱"WAVE"上的语音 AI，本次发布让我们重新认识到 Clova 在数据分析以及翻译等领域的功能。

LINE 计划独自研发与 Clova 联结的智能移动设备，推出收集大数据的业务战略。新的业务战略发布后仅半年的时间，就研发了 WAVE 并投入了市场，从中也可以看出 LINE 想尽早收集机器学习使用数据的迫切愿望。

舛田 CSMO 指出，"在大数据商业中，获取大量机器学习用的学习数据可以提高自身的竞争力。首先要尝试研发各种产品并提供给合作商，以促进智能移动设备的普及"。

LINE 在正式版 WAVE 发布之前，于 2017 年夏天推出了具备部分功能的先行版，同时发布了 Clova 的应用程序。该公司计划在 2017 年秋天正式推出采用了 LINE 图标的 AI 音箱 "CHAMP"。目前，正在研发能够显示图片以及动画等的智能显示屏。可选择使用操作的语言有日语和韩语，还计划导入将来 LINE 可能普及到的亚洲其他国家的语言。

LINE 不但投入大量精力关注智能移动设备的研发业务，还计划着手 SDK（软件开发工具包）业务的研发工作，并积极推进 Clova 在其他公司的智能移动设备上的应用。美国亚马逊公司的语音 AI（Alexa）公开了 SDK 以后，吸引了大量第三方企业的参与，LINE 也将模仿该模式，扩大 Clova 的第三方应用。

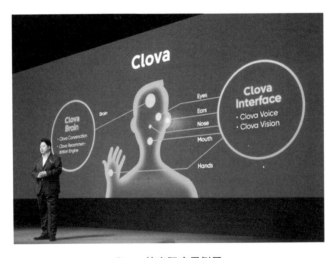

Clova 的实际应用例子

（佐藤雅哉）

家电及无人机搭载 AI

"Cocytus"问世以来，大幅提高了无人机以及家电的功能，这是一种由向嵌入式系统导入深度学习功能的软件开发的软件框架。使用软件框架导入人工智能（AI），不用连接网络，仅使用设备本身就可以实现自动识别相机所拍摄的照片。该项技术，由日本博科公司大阪分店 Cocytus 产品经理负责开发，并开始允许用户使用。

日本博科公司主要从事工程师的专业服务以及人才派遣业务，外部委托的研发业务也是公司业务的一大支柱。例如，IoT（物联网）系统的导入/运营的技术支持，美国 IBM 的问题应答/意识决策辅助系统"Watson"的导入/构筑/运营技术支持等业务。Cocytus 也是在这种环境下被推上了市场。Cocytus 本身是 MIT 许可证的公开源代码软件，用户可以免费使用。

之前，在嵌入式系统环境下使用深度学习，有几个必须解决的课题。首先是工具问题，主要有"价格太高""计划使用的人工神经网络不提供后期服务"等问题。另外，工具逐渐被黑盒子化，不能按照自己的意愿进行改造的部分比较多。尤其是汽车的控制系统，在使用上曾经遇到过很大的问题。

在 Interop Tokyo 2017 上介绍 Cocytus 的夏谷先生

嵌入式系统有时候会使用特殊的 CPU，这种情况下存在的一个问题就是工具不提供后续服务。一般情况下，工具是以文件系统和存储管理为前提的，资源有限的嵌入式系统的软件很多情况下并不具备这些功能。

另外还有人才问题。在嵌入式系统环境下使用深度学习，需要掌握深度学习或者用于深度学习的各种知识。例如程序语言 Python，嵌入式程序以及硬件相关的知识等，但是现实情况是掌握所有知识的工程师非常少。

导入 Cocytus 便可解决这些问题。Cocytus 的使用前提是，要与以 Python 编写的深度学习库"Keras"联动使用。首先，使用 Keras 进行机器学习，然后使用 Cocytus 将学习结果与人工神经网络转换成 C 语言的源代码。

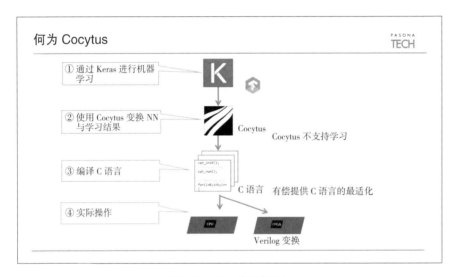

导入 Cocytus 的研发流程

（出处：日本博科公司）

输出的源代码需要重视其移植功能，通过编译几乎可以在所有的 CPU 及 DSP（Digital Signal Processor）中发挥作用。从 C 语言到硬件语言的 Verilog 实现转变的话，FPGA（Field-Programmable Gate Array）也可以实现操作。我们自己便可编译源代码，不需要文件系统或者存储管理。了解 C 语言就可以进行相关操作，不需要 Python 和深度学习的知识。

但是，因为源代码重视移植功能，直接使用会导致运行速度变慢。例如，在小型计算机"Raspberry Pi"上进行操作时，处理 1 张图片需要 10 秒钟左右的时间。为了能够实现实用性的速度，需要将 CPU 或者 DSP 进行最适化。针对这一问题，Cocytus 为客户提供有偿服务。例如，为了适应特定的 DSP 而实施的 SIMD（Single Instruction Multiple Data，1 个命令可以同时处理多个数据）化服务，面向不具备浮动小数点功能的 CPU 的固定小数点化服务等。

另外，有偿提供新式人工神经网络的后期服务。在人工神经网络导入 Keras 后，3 个月内提供服务。例如，图像识别的人工神经网络"VGG16"3 天便顺利运行，领域识别的人工神经网络"Tiny-YOLO"5 天就实现了运行的正常化。"实际上只需 1 个月左右的时间，便可实现各个功能的正常运行。"（夏谷先生）

原本是由个人开发的工具

Cocytus 原本是由夏谷先生个人开发的软件。美国谷歌开发的深度学习专用中央处理器"TPU"以 8 位运算实现了高精度的计算，夏谷先生深受此事件的影响，下决心自己也要开发一个软件，以同样的精度在 Verilog 上运行。

使用 Cocytus 的益处

（出处：日本博科公司）

但是，在 Verilog 导入 FPGA，没有一个能够确认深度学习是否正常运行的方法。于是，就制作了一个能够显示系统是否正确运行的参考程序，这就是 Cocytus。嵌入式系统的用户对这一工具产生了浓厚的兴趣，这也促成了 Cocytus 在博科公司的全面推广。

Cocytus 与 Keras 一样，都是利用 Python 编写的软件。Python 的模型被编译成 C 语言，在 C 程序上运行时所需的存储容量与在 Keras 上运行时所需容量相同，这也是目前所面临的一大课题。例如，在 Keras 上运行需要 300Mbyte，在编译后的 C 程序上运行同样需要 300Mbyte。"在嵌入式系统环境下，100Mbyte 的容量就已经很高了。"（夏谷先生）因此，随着今后对系统的改良，计划将所需内存降低至目前的一半或者四分之一。

（大森敏行）

英特尔的新型主存储器和深度学习

美国英特尔于 2017 年 5 月 16 日（美国时间），发布了新型存储器 "Intel persistent memory"，并于欧洲 SAP 在美国举办的 "Sapphire Now 2017" 活动上，展示了该产品。它运行速度高于固态硬碟 SSD（Solid State Drive），比 DRAM 更容易大容量化，在 AI 关键技术的深度学习领域受到了广泛关注。

比 DRAM 更容易大容量化，切断电源也不会丢失数据

Intel persistent memory 是在美国英特尔与 Micron Technology 2015 年发布的 "3D XPoint" 技术基础之上发展而来的。从 DIMM 插口插入，就可以作为主存储器运行。与 DRAM 不同，机器的电源即便是被切断也不会出现数据丢失的问题，是永久记忆性存储器的一种。公司计划于 2018 年正式将其投入市场。

英特尔至今还没有完全公布 Intel persistent memory 的详细规格。假设其性能与 3D XPoint 发布当初的性能相同的话，其运行速度也要高出 SSD 1000 倍。与 DRAM 相比，虽然运行速度要稍微慢一些，但是其记录密度却要高出 10 倍。也就是说，比起 DRAM，我们更容易实现搭载大容量存储器的系统研发。

SAP 举办的活动上，英特尔展示的实际演示，也强调了其技术能够实现大容量存储空间的设置。具体来说，作为主存储器，在 192Gbyte 的 DRAM 与 1.5Tbyte 的 Intel persistent memory 服务器上，可以运行正在开发中的 SAP 的内存数据库 "SAP HANA" 版本。依据处理数据的特性，灵活区分使用 DRAM 与 Intel persistent memory 可以充分实现高速化的数据处理过程。比起单独使用 DRAM 构筑系统，两者结合能够实现以便宜的价格构筑搭载大容量存储器的系统。

很多业界的专家指出，新型存储器最大的用途就是深度学习等机器学习。因为在深度学习过程中，需要高速运转学习大量数据的过程，足够的存储空间是必不可少的。国立情报学研究所的佐藤一郎先生（副所长）指出，"价格高昂的 DRAM 很难实现大容量化，而 SSD 等的运行速度又太慢，新型存储器正好可以解决这两大问题"。

专家还指出，新型存储器不但对深度学习，还对企业信息系统的数据库产生了很大的影响。野村综合研究所的 IT 设计师石田裕三先生（高级应用程序工程师）指出，"颠覆了事务处理与数据分析使用不同的数据库的企业信息系统的'常识'"。石田先生还指出，要让事务处理与数据分析相互独立，需要拥有多个磁芯的微处理器与搭载大容量存储空间的服务器的后台支持。要实现大容量的存储空间，比起 DRAM, Intel persistent memory 更加有效。

面向 IoT 等的新型计算机由此诞生

国立情报学研究所的佐藤先生指出，"充分不消失性这一特征，可以制造出新型的计算机"。例如，通常情况下将电源切断，需要时接上电源便可立即使用的"常闭状态电脑运算"便是其中一例。

即便是切断电源，搭载在主存储器上的 Intel persistent memory 上的数据也会被保存下来。因此，当再次接上电源的时候，相比目前的系统能够大幅节省时间。国立情报学研究所的佐藤先生说到，"尤其是在 IoT（Internet of Things）领域，常闭状态电脑运算将会受到很高的关注"。

充分利用这一不消失性的特征，还需跨越几个高难度的门槛。首先，以 OS 以及中间件等永久记忆性存储器为基础的处理系统是前提。其次，设计系统的 IT 工程师也必须"充分理解系统内部的计算机系统结构，全面分析哪一种数据使用哪一个存储器进行处理等问题"（野村综合研究所的石田先生）。该技术具有将来改变计算机内部结构的巨大潜能。

（岛津忠承）

微软，利用 AI 刷新 Office

美国微软于 2017 年 5 月，在美国和日本分别举办了面向开发者的名为
"Build"和"de:code"的活动，并发布了新服务与新功能。面向终端设备的产品、
面向内部（自家公司）环境产品、云服务等扩大了公司的产品线。虽然比
较难以把握微软的整体发展战略，但是总结要点的话，我们可以看出 3 点
今后的主要发展方向，即 AI（人工智能）、IoT（物联网）、数据库。例如其
中的 AI 技术，PowerPoint 导入 AI 技术后，实现了性能的巨大突破。

在 PowerPoint 中自动翻译演说内容

导入 AI 的意图之一就是强化公司产品的性能，提高服务质量。美国
微软首席开发者宣讲师 Steven Guggenheimer 在 de:code 上披露，"将通过导
入 AI 技术更新 Office 和 Windows"。

de:code 大会上，微软介绍了从 PowerPoint 中直接启动，导入了深层
学习的翻译服务 API（Application Programming Interface，即应用程序接口）
的 "Microsoft Translator" 功能的附加组件。比如，讲演者用西班牙语发言
的话，可以同步在屏幕上显示日语或者英语字幕，微软工作人员对这一功
能进行了现场演示。使用这项功能，可以将幻灯片中的文字翻译成相应的
语言并显示到屏幕上。与语音文字聊天应用程序 Skype for Windows 联动的
"Skype 翻译"中，使用 Microsoft Translator 可以实现语音以及文字的翻译。

对企业来说，积极导入 AI 技术有助于开发能够增强企业竞争力的新
系统。在认知计算 "Microsoft Cognitive Services" 中，可将图像识别、语言
理解、语音识别等功能按照各企业的不同需求进行改造。对企业来说，能
够相对容易地构筑符合自家用途的 AI 应用程序。

Guggenheimer 表示，在云服务上"将与合作方进行共同研发"。在
de:code 大会的基调讲演上，微软还披露了将来与 Preferred Networks（PFN）

的合作计划。它们将共同合作提供在 Azure 的 IaaS（Infrastructure as a Service，即基础设施即服务）上运行的 PFN 开发的深度学习软件框架"Chainer"的模板。

美国微软首席开发者宣讲师 Steven Guggenheimer（左）与 Preferred Networks 西川彻社长（右）

微软将 Azure 的数据收集分析服务与 PFN 的深度学习系统平台"Deep Intelligence in-Motion"（DIMo）相结合，预计在 2017 年内向用户提供特定的 Workload 和面向企业的解决方案服务。PFN 的西川彻社长就与 Azure 的合作问题表示"在大型企业的云服务这一点出发，不仅从性能和功能方面，还综合判断了支持力度等而做出的最终决定"。

微软还积极推进数据专家方面的人才培养工作。两家企业联手，2017 年一年将为学生、企业内工程师、研究者等提供技术培训。通过培训，计划在 3 年时间内培养出 5 万数据分析专家。

边界设备上可以利用 Azure 服务

关于 IoT，微软公布了作为预览程序的"Azure IoT Edge"，它能够将 Azure 的几个相关功能导入 IoT 终端设备（边界设备），并使这些功能正常运行。对应的功能主要有机器学习的 Azure Machine Learning、Stream 数据处理的 Azure Stream Analytics、事件驱动信号执行的 Azure Functions 等。

微软的萨蒂亚·纳德拉 CEO（首席执行官）在 Build 大会的基调讲演上指出，将在先前产品战略之一的"智能云"的基础之上，新增"Intelligent Edge"业务。在 de:code 大会上，日本微软技术统括室执行董事榊原彰 CTO（首席技术官）介绍，"IoT 是 Intelligent Edge 的代表性功能"。

IoT 系统上，如果要将边界设备上生成的大量数据即时地进行云处理的话，成本与应答性能将成为难题。但是导入 IoT Edge 的话，在边界设备上进行一部分的数据处理，这样可以在一定程度上解决上述问题。

数据库容易被推广到世界各地

为了强化数据库，微软于 2017 年 5 月 10 日（美国时间）重点推出了 NoSQL 数据库服务"Azure Cosmos DB"。Cosmos DB 具有以下特征：面向世界范围（广域数据中心群）的数据分散保存，可以从 5 个标准中选择的一贯性标准，多元数据模型，可以扩张到千万亿字节容量等。

微软 Date Platform Group Corporate 的 Vice President Joseph Sirosh 先生在接受采访时，就公司投入 Cosmos DB 的理由做了如下说明："世界范围

微软 Date Platform Group Corporate 的 Vice President Joseph Sirosh 先生

内流行的移动设备应用程序与 IoT 应用程序，传感器和用户遍布世界各地。我们必须做到不论在世界的哪一个地方都能够以较短的延误实现快速操作。"提高吞吐量、增加容量等问题能够随机应对是其一大特点。

数据库服务，可以将分散于世界各地的数据保持一贯性进行处理，其中一项功能就是美国谷歌 2017 年 3 月发表的关系数据库（RDB：Relational Data Base）服务之一的 "Cloud Spanner"。它与 Spanner 的区别在于 "Spanner 保持不了一贯性，而 Cosmos DB 可以在 5 个一贯性标准中，按照性能以及应用程序的特性选择合适的标准"（Sirosh 先生）。

另外，Cosmos DB 能与 "Key-Value 型""Document 型""Graph 型" 等各种数据模型进行对应，这一点也与 RDB 的 Spanner 不同。关于服务等级协议（SLA：Service-Level Agreement），"用户不但能够设定可用性，还可以设定吞吐量、一贯性、延迟等项目。Schemaless 模式存储数据也是与 Spanner 的不同之处"（Sirosh 先生）。

RDB 软件的 SQL Server 也得到了强化。"SQL Server 2017" 可以在数据库服务器上运行以下两种语言编写开发的 AI 处理程序，即机器学习用的程序语言 "Python" 以及统计分析用的程序语言 "R"。没有必要为了 AI 处理而转移数据，"既提高了安全性，也提高了使用效率"（Sirosh 先生）。

重视支援企业用户的服务

从 Build 大会和 de:code 大会的内容中我们可以看出，微软产品强化的特点之一，就是通过导入 AI 技术刷新 Office 和 Windows 等企业产品。另外，以 Azure 为核心的 AI 服务、IoT 服务、数据库服务的强化，都会成为企业用户增强自身竞争力的砝码。例如，使用数据分散在世界各地的 Cosmos DB 这一数据库，能够容易地将移动设备应用程序以及 IoT 应用程序推向世界市场。

但是，对企业用户来说，要将这些新功能用得恰到好处也不是一件容易的事情。今后，如何为用户提供灵活应用新功能的售后服务将是一个重要课题。

（井原敏宏）

RPA 与 AI 融合后的新功能

作为提高白领工作效率的杀手锏，RPA（Robotic Process Automation，即机器人处理自动化）受到广受关注。从事 IT 顾问以及人才教育的株式会社豆蔵，导入了将 RPA 与人工智能相结合的新服务，为用户提供 "AI+RPA" 系统的导入咨询以及系统构筑服务。

豆蔵的中原彻也社长指出，"RPA 是今后一个重要的发展方向。在需求开发、敏捷软件开发、AI/ 机器学习等领域，以强大的技术能力为后盾向用户提供咨询服务，这也是我们公司的一大优势"。公司计划将 2017 年定为试运行阶段，2018 年以后正式投入商业化运营。

将适用范围扩大至非固定形式业务

RPA 今后的发展方向是通过软件技术让数据录入与转移等通过电脑进行操作的固定形式操作实现自动化。在日本，RPA 首先被导入以常规工作为主的银行机构，2017 年以后，在制造业与服务业中的应用也逐渐增多。

豆蔵现在最为关注的是 RPA 的第二个发展阶段。

目前的 RPA，主要的导入对象还是一些固定形式的业务，只是将白领所承担的部分工作进行自动化处理。主要是来处理一些事先已经定好规则的事件，"处理一些突然产生的临时性业务，RPA 并不在行"（安井昌男执行董事兼 IT 战略支援事业部长），这也是 RPA 一个亟待解决的课题。

于是，将 AI 与 RPA 相结合，就有了现在的优势，使用范围也开始由固定形式业务向非固定形式业务进行扩大。这也是豆蔵所要实现的一个新业务。

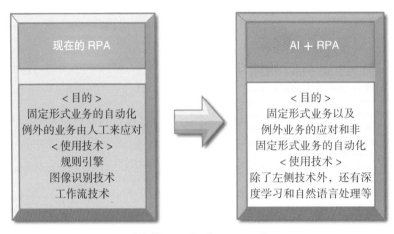

现在的 RPA 与"AI + RPA"

将聊天功能作为 UI 来利用

豆蔵目前所设想的 AI+RPA 系统模式如上图所示。作为用户界面（UI），使用聊天功能（聊天机器人），用户通过聊天形式对业务进行委托"请制作报告书，并发给我"。此时，系统将会收集制作报告所需要的国内外的资料，需要的情况下还会自动翻译，然后根据收集的数据制作报告书，并进行发送。

在系统的后台，基于传统的 RPA 的场景动作型机器人，以及基于深度学习等导入了 AI/ 机器学习的软件机器人，实际进行着各种处理工作。安井先生指出"不仅是软件机器人，作为硬件的机器人同样能够进行各种技术操作"。并非一定要做到所有步骤都实现自动化，人类也可作为外部人员参与其中。

之所以导入聊天功能，是因为这种方式能够拉近用户与 AI 技术之间的距离。IT 战略支援事业部第 2 团队负责人田中裕首席顾问指出，"在导入 RPA 的过程中，终端客户能否顺利地完成各项操作是我们关注的一个重点问题"。田中先生还表示，根据实际需要，除了文字聊天功能，我们还会考虑导入语音聊天功能。

安井先生还表示，公司并没有打算要将包括非固定形式业务的所有业务，都通过导入 AI/ 机器学习的方式来实现自动化。他指出："我们要考虑系统导入以及运行的难度，构筑系统所需要的时间和成本，以及是否有支持机器学习的足够数据等问题，因此将所有业务都实现自动化是不现实的。而且，AI/ 机器学习的技术也是在逐渐发展的过程当中。"

为了能够顺利导入 AI+RPA 系统，我们也在不断地研发新的技术，例如，以较少的数据实现高精度的应答的新一代聊天机器人，多个硬件机器人与 IoT（物联网）传感器，云计算 API（Application Programming Interface，即应用程序接口）等功能，以及将这些功能进行融合的机器人控制技术等。

（田中阳菜、田中淳）

松下电器基于 AI 与 IoT 开发的新事业，能否打破垂直领导的文化系统

松下电器将要基于 AI（人工智能）与 IoT（Internet of Things）等数字技术开发新的业务，并制定了相关政策。

新业务开发的核心就是 2017 年 4 月 1 日新成立的"业务创新本部"，它归公司直接领导。它的工作任务就是充分利用公司内四大部分的 37 个事业部所拥有的技术和经验，开发新的业务领域，尤其是在 AI 人才的培养以及导入了美国硅谷模式的创新文化的行程上投入了大量的时间。

在 4 月 19 日的说明会上，公司 CTO（首席技术官）兼业务创新本部长的宫部义幸专务董事强调指出，"各部门导入实施的 IoT，必须着眼于公司整体发展的大局来进行对待处理"。

特批 AI 职务招收 30 名应届生

业务创新本部的主要工作任务就是"全公司业务"的推进。基于颠覆性技术的业务，以及多个部门共同协作且今后有巨大发展潜力的业务，是全公司业务的必要条件。

宫部专务董事谈到"我们设定了两大主题。主题的具体内容目前还不能向大家公布，是有关硬件销售领域的。通过硬件设备的更新，向用户提供更加便捷的服务"。关于新业务的规模，宫部专务董事指出，"对于一项新的业务，通常情况下，如果营业额能够达到数亿日元至 10 亿日元，我们就认为是成功的。要是全公司主题相关业务的话，我们的目标是营业额达到数百亿日元。可能需要 5 年至 10 年的时间，但是我们会全力推进，不断扩大业务规模"。

为了能够实现全公司主题业务的立项，必须加强人才培养，尤其是要培养 AI 人才。"我们将扩大录用年轻人才"（宫部专务董事），并且还特设了面向应届毕业生的 20~30 个"AI 专门职务"。同时我们还将探讨对拥有

一定技术能力的公司的 M & A（合并与收购）。

松下电器的 AI 人才为 100~150 人。包括今后的中途雇用人员以及自己培养的人才，预计到 2020 年增至 300 名，并计划到 2022 年增至 1000 名。

公司在人才培养方面还有一个战略就是，培养能够提出新想法并付诸实践进而演变成新业务的创业人才。业务创新本部还承担着培养公司内部的创业人才"NEO（Next Entrepreneurs Opportunity）"计划的重任。宫部专务董事提到"大约在 100 年前，本公司由创业家松下幸之助一手创下，在社会变化日新月异的今天，我们同样重视创业人才的培养"。

为了能够顺利推进各项数字业务的进程，松下电器发布了一系列政策文件，在设计思考以及 UX（User experience，即用户体验）设计等方面，参考了美国硅谷的相关做法。

公司直接管辖下的新组织
新设"业务创新本部"
积极推进联合公司多个部门的"全公司业务"。
目标营业额为数百亿日元。

AI 人才的培养
设定特别职位录用应届毕业生，灵活运用产学结合的共同讲座。5 年后增至 1000 人。

硅谷流文化的导入
设计思考以及 UX 设计想法的导入，公司内创业人员的养成制度"NEO"的实施。

宫部义幸专务
本部长

马场涉
副本部长

AI：人工智能
NEO：Next Entrepreneurs Opportunity
UX：User experience

松下电器推出的数字活用政策

松下电器拥有非常广泛的业务领域，各传统的事业部门也都有着很强的竞争力。为了打破垂直领导的文化体系，过去曾尝试进行过全公司范围的改革行动，但却没有取得什么成果。在 2017 年 3 月的决算中，预计公司的营业额及利润都将下滑。为了能够实现营业额及利润的提升，公司要求新部门能够尽早做出成果。新实施的数字业务能否成为提升业绩的杀手锏，是摆在业务创新本部面前的一大难题。

（田中阳菜）

新一代宅急送"Roboneko-Yamato"开始运营，快递员不足的问题能否得到根本解决呢

宅急送业界最大公司雅玛多运输，与 DeNA 合作共同开发了新一代宅急送业务系统"Roboneko-Yamato"。2017 年 4 月 17 日，在神奈川县藤泽市对其进行了运营实验，每 10 分钟指定一个取货任务，它实现了在任意地点都能顺利取货的预想。

目前，这一系统配有 3 辆有人驾驶的车辆，根据业务扩大的需求，今后也将考虑增加配车数量，并计划在 2018 年实现无人驾驶车辆的投放运营。DeNA 的中岛宏执行董事表示"最终我们将实现完全的无人化运作"。

自主取货业务

本次实验，将在国家战略特区神奈川县藤泽市的鹄沼海岸、辻堂东海岸、本鹄沼三地举行，为期一年，主要验证两项业务，一个是随需应变型的宅急送业务"Roboneko-Delivery"。

"Roboneko-Yamato"的实验概要

实施时间	2017 年 4 月 17 日~2018 年 3 月 31 日
区域	神奈川县藤泽市的鹄沼海岸、辻堂东海岸、本鹄沼
使用车辆	3 台（按需依次增加）
无人驾驶的导入时间	2018 年内
业务内容	Roboneko-Delivery（随需应变型） Roboneko-Store（购物代理）
购物代理加盟店	食品超市及药妆店等共 24 个店铺

住在实验区域的用户，可以通过登录雅玛多的会员网指定取货地点，然后选择配送的日期以及具体时间，实验车辆将会按时到达指定地点。取货地点是在道路的前方还是后方等，具体的位置都可以由用户指定。雅

玛多的阿波诚一常务执行董事指出,"试验区域内的十字路口等危险地点,我们都做了彻底的排查,用户可以避开所有的危险地点,选择最方便的取货地点。让用户有一种在街头与 Roboneko-Yamato'碰头'的体验"。

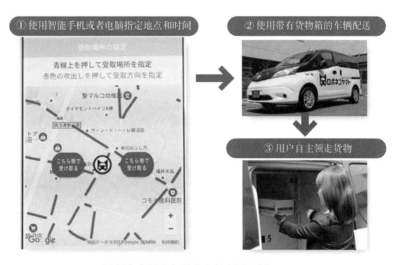

随需应变型宅急送业务的利用概括

另外一项业务是当地商店的销售代理业务 "Roboneko-Store"。用户可以通过登录指定的网站,购买当地食品超市以及药妆店的商品。实验车辆奔波于多个店铺之间,收取用户选择的商品并送到指定地点。目前已经有 24 个店铺宣布加入该实验,已经有 12 个店铺开始在网站上实际运营。

实验车辆是在日产的商用 EV(电动汽车)"e-NV200"的基础上研发的。车厢内搭载了 8 个装载货物的箱子,其中 2 个还可以配送生鲜食品。

司机不会将货物亲手递交给用户,而是用户自己打开车门,从车上取走自己的货物,我们将采取这种自助服务的模式。用户在下单时会收到一条 QR 码的短信,取货时,通过我们的专门机器扫码进行身份认证。这也是为将来的无人驾驶业务提前做准备。

雅玛多运输负责货物的配送,DeNA 负责 Roboneko-Delivery 与

"Roboneko-Store" 各项系统的研发，包括 Roboneko-Yamato 的网站运营，以及取货时最佳路线的选择、配送时间的计算等技术支持。

应对货物激增以及快递员数量不足问题

目前，还没有确定导入何种形式的自动驾驶技术。雅玛多运输的阿波常务提到"2018 年内，我们将会进行导入高水平自动驾驶技术的实验"。

两家公司合作，在还没有实现自动驾驶的情况下，就开始了非对面型的宅急送业务，也是为了早点应对目前出现的"宅急送危机"。

随着网购业务的迅速发展，快递公司受到货物激增以及快递员人手不足两大问题的双重打击，急需采取有效方法进行应对。

当天送达与首次配送时用户不在引起的再次配送，是快递公司面临的最大难题。本次实验的最初目的，就是想验证导入 AI 技术到底能否有效解决以上问题。

至于送货司机，"既具有高超的驾驶技术，又有体力且沟通能力强的人是再好不过了"（雅玛多运输的阿波常务），但是，目前的现状是招聘与人才培养双管齐下都不能满足实际需求。两家公司合作，也就是要将高超的驾驶技术支援与非对面型业务进行有效组合，从而减轻送货司机的负担。

DeNA 的中岛执行董事介绍："针对这两项业务如何展开，送货司机与用户不直接碰面的宅急送业务能否被社会所认可等一系列问题，我们通过收集并分析实验数据，不断提高服务质量。"

与通常的宅急送业务不同，本次实验中的取货地点在屋外，我们必须考虑用户取货时的安全问题。"我们在导入自动驾驶以及人工智能（AI）等先进技术的同时，不断摸索如何为当地居民提供更加便捷的服务。"（中岛执行董事）

随着夫妻双职工家庭的增多以及老龄化社会的发展，我们的生活发生了很多的变化，为了应对这些变化，宅急送业务为消费者提供了很大的便利。但是，现在宅急送业务却出现了营业危机，如何在眼下的时代继续走下去是一个亟待解决的大问题。

用户对网购已经形成一种固定的看法，当时送达，免费再次配送，认真仔细的面对面服务等。要解决宅急送业务目前面临的难题，必须改变用户的这些看法。过剩服务不但增加了成本，最终还会为消费者以及社会造成负面影响。这也是目前日本整个社会各方面都存在的共同问题。走在改革前沿的 Roboneko–Yamato 可谓任重而道远。

（高槻芳、田中阳菜）

绝不输给 Watson，Retrieva 不断追求创新

开发自然语言处理服务的株式会社 Retrieva 于 2017 年 3 月 8 日，在以东京大学 Edge Capital（UTEC）的运营证券投资基金为接收方的第三方分派出资中，融资 2.5 亿日元。这部分资金将用于引进自然语言处理的技术人员。

Retrieva 是继承了 2006 年成立的株式会社 Preferred Infrastructure（PFI）的检索、机器学习、数据分析的系统平台"Sedue"等事业的初创企业。负责 Sedue 业务的 PFI 职员 11 人，于 2016 年 8 月成立了新公司，并从 PFI 那里买下了该业务，成立计划近似于 EBO（employee buyout，即职工收购股权）。

PFI 将包括 Sedue 在内的所有业务都转让给了 Retrieva，公司现在只有西川彻社长与冈野原大辅副社长两位，已经没有实质性的业务。原先的 PFI 如今分裂成两个公司，一个就是从 PFI 中分离出来后成立的以深度学习为专门业务的 Preferred Networks（PFN，西川彻社长），另一个就是 Retrieva。

目前担任 Retrieva 社长的是河原一哉先生，他曾经是太阳计算机系统日本法人 Solaris 的构建师，曾任职于"C.A.Mobile"，于 2010 年进入 PFI。

我们采访了 Retrieva 的河原一哉社长，询问了他创业的契机，以及他所规划的公司未来的发展设想。

Q 请您谈一下创立 Retrieva 的契机是什么。

A 一直到 2016 年，西川先生同时经营着 PFN 与 PFI 两大事业领域。后来，西川先生谈到，同时经营两个不同的事业领域，实在是一件不容易的事情。这可能就是我们创立 Retrieva 最初的一个契机吧。

当时，我的主要工作是负责 Sedue 相关业务，西川先生提出要么把

PFI 与 PFN 的业务进行合并,要么将 PFN 分离出来。西川先生本身就有"打算培养创业者"的想法,因此,PFN 的独立也就自然而然成了一个有力的选项。

Retrieva 的河原一哉社长

经过我们内部的商讨,成员们一致同意"独立",于是,我们从 PFI 中吸收了相关业务,成立了 Retrieva。

Q 现在您主要从事哪些方面的业务内容呢?

A 当然,Sedue 等传统业务的继续以及后期相关维护服务我们仍然在做。目前的主要精力投放在研发工作上,解决呼叫中心面临的两大问题。

这两大问题,一个就是对呼叫中心的各种访问数据进行分析,抽出其中的重要数据,即"VoC Analyzer"。另一个就是从过去的访问数据中检索相似问题以及解答,即"Answer Finder"。

Q 竞争大的业务是哪些呢?

A 在很多场合,我们最大的对手还是日本 IBM 的"Watson"。例如,VoC Analyzer 与"Watson Explorer(旧称 ICA:IBM Content Analytics)",Answer Finder 与"Bluemix Watson"之间就是主要的竞争对手。

Q 请问在与 Watson 的竞争中，您觉得 Retrieva 的优势在哪里?

A 从 Sedue 时期起我们已经积累了很多的经验，尤其是在日语语言系统的操作上，我觉得我们是有优势的。

我们的技术主要是基于自然语言处理的机器学习，并没有采纳高深复杂的技术，而是充分考虑了服务器的负荷以及用户的负担之间的关系，选择了最合理的处理方式。

例如在 Answer Finder 中，即便是没有太多新的教师数据，也能进行以学习为基础的机器学习。

Q 导入了 Bluemix Watson 的系统，主要是以公司内的 FAQ（常见问题及回答）文本为基础，大量准备教师数据的例子，进而提高分类的精度。请问您怎么看这一点?

A 我们与他们的方法不同，我们不以使用 FAQ 文本作为前提条件。只是参考 FAQ 文本，是不可能给出精确答案的，就像业务熟练的操作人员给出的答案一样。因此，我们让系统学习业务熟练的操作人员的应答方式以及回答模式，从过去的访问中寻找最合适的回答。

Q 请您谈一下包括 IPO（首次公开募股）在内的今后的发展战略。

A 我们是打算 5 年后实现 IPO。现在，我们的营业额处于持续增长的状态。目前虽然只有 12 名员工，但是我们计划 5 年后增加至 60~100 名。

现在，主要是面向呼叫中心开展主要的研发工作，我们将来的主要目标还是要研发"辅助人类的人工智能（AI）"，它可以自动撰写工作会议记录，或者通过聊天模式就能够推进各项工作进程。

（浅川直树）

瑞可利开放"私人 AI"

　　负责瑞可利（Recruit Holdings）研究开发工作的 Recruit Technology 团队表示，将于近日公开该公司内部使用的人工智能（AI）技术"A3RT"的部分功能，包括图像识别、文章的自动校对等。

　　A3RT 是以 API（Application Programming Interface，即应用程序编程接口）形式在公司内部使用的功能，例如 Recommend、OCR（文字识别）、图像解析、文章分类、语音文字化、文章总结、文章校对、聊天机器人等，2017 年 2 月为止就已经达到 14 种了。公司计划将以文章处理为中心的 5~6 个功能向外部人员开放。

　　用于自己公司或者公司内部各部门的 AI，我们也称之为"私人 AI"。将自己公司内部的构筑或者相关功能的一部分，向外部人员开放的话，能在一定程度上加速 AI 技术的商业应用进程。

　　瑞可利的 IT 技术统括部、大数据部、大数据产品开发团队及 Advanced Technology Lab 负责人石川信行先生表示，"在演讲会等场合，外部技术人员跟我们联系，表示非常想使用我们的 A3RT 技术"，这也是瑞可利决定公开相关技术的一个契机。而且还可以通过向外部开放的方式收集更多的反馈信息，不断改良 A3RT。

Recruit 的 IT 技术统括部、大数据部、大数据产品开发团队及 Advanced Technology Lab 负责人石川信行先生

A3RT 是为了提高瑞可利的服务品质以及公司的内部效率，自 2016 年起以 API 的形式改善后用于公司内部的 AI 技术，开发和运营都是由 Recruit Technology 的大数据产品开发团队负责的。

公司内部已经开始了 AI 技术的整体应用。至于图像解析功能，在 A3RT 构筑之前，二手车交易服务的"二手车中心"使用了从照片中判断车的各种信息的功能。聊天机器人的 API，为相亲业务的"Zexy-Enmusubi"客户提供支援服务。文章校对，主要用于客户发来的招聘启事等的文字校对工作上。

2017 年 2 月的活动上公开的、当时公司内部使用的 A3RT 功能

AI 代替例行业务

Recruit Technology 团队，于 3 年前就开始着手研发导入深度学习的图像解析和自然语言处理等技术。面向 Recruit Holdings 的各种服务，或者公司内部的例行业务的一部分由 AI 来代替。"将某一个技术应用到一个业务的时候，可能就会有人想也将该技术导入其他业务中去。"（石川先生）

于是，石川先生提出，要将公司内各种业务中使用的 AI 技术通用化。与每个案例都以 Full Scratch 形式开发的情况相比，可以大幅降低时间和

成本。

运行 AI 所必需的 GPU（图形处理器）基础设施等，也可以对业务进行统一管理。公司的 AI 技术是由 Amazon Web Services（AWS）与 Google Cloud Platform 混合构成的，GPU 服务器，主要是运行 100 台左右的 AWS 的 GPU。

构筑私人 AI 的另一个优点就是，与外部企业所提供的"大众型"AI 相比，能够按照服务以及业务的具体内容对 AI 技术进行调整，有较高的自由度。

瑞可利的事业部门在导入 AI 技术时，也讨论了利用美国 IBM 的"Watson"和美国谷歌的"Cloud Vision API"等外部公司提供的 AI 技术。

但是，这些技术都有"通用性太强，而且技术方面完全没有公开"（石川先生）的问题存在。而且，每启动一次 API 都会产生使用费用，更改程序更是需要支付高额的费用，这也是通用技术的问题所在。

公司在设计 A3RT 的时候，既有各业务之间共同使用 API 的情况，也有共同使用学习模型等技术，API 则按业务类型进行改变的情况。例如，自动校阅 API 的情况下，根据服务领域不同，可以改变专有名词或者合适的替换词语等学习数据，从而提供不同形式的 API。

（浅川直辉）

171

剖析谷歌等 4 家公司云计算性价比

美国谷歌于当地时间 2017 年 2 月 21 日表示已经导入了使用谷歌的 IaaS（Infrastructure as a Service）"Google Compute Engine"，能够在虚拟机上附加 GPU（图形处理器）的 β 版服务。

谷歌、美国微软、美国 Amazon Web Services 的三大云计算，具备了 GPU 所提供的服务。随着价格竞争的激烈化，将 GPU 导入包括深度学习等机器学习的进程也加快了。

能够附加的是搭载于 GPU 板 "NVIDIA Tesla K80" 上的 Kepler 版的 GPU。一个虚拟机上可以追加 1~8 个 GPU（以板来计算的话是 1/2~4 张）。

1GPU 的使用价格为 0.7 美元 / 小时起。算上虚拟机的价格，Tesla 系列的 GPU 中以小时单位能够提供的服务中，单精度 1T FLOPS（每秒浮点运算次数）的价格，应该是最低价格。

虽说 IaaS 在过去也提供过 GPU 服务，但是基本上是 Amazon Web Services（AWS）独占鳌头。即便是在日本国内，Recruit Technology 以及 DeNA 等都积极将以深度学习为中心的 AI 技术导入自家公司的各种业务当中，使用最多的也是 AWS 的 GPU。

近几个月，AWS 以外的 GPU 服务得到了不断的扩大。首先，2016 年 12 月，Microsoft Azure 开始提供 "Tesla M60" "Tesla K80" 服务。Google Compute Engine，在本次提供了 β 版的 "Tesla K80" 的基础之上，近期将推出 "Tesla P100" 以及美国 AMD 的 "FirePro S9300"，并且已经开始使用 DeNA 提供的 "Tesla K80" 的 β 版服务。

自 2016 年起，在 Preferred Networks 的协助下，SAKURA Internet 开始向外提供 GPU 服务器 "高性能计算" 业务，并计划于 2017 年 3 月开始提供搭载了 4 个 "NVIDIA TITAN X" 的 GPU 服务器业务，使用费用为每小时 267 日元。

服务名称	实体/模型	规格	GPU 单精度演算性能（T FLOPS）	金额	1T FLOPS 的月使用价格（使用 1 年）	日本地区业务
Amazon Web Services	p2.xlarge	K80 GPU×1，内存 61GB，Amazon EBS	2.8	0.90 美元/小时	26000 日元	无
	g2.2 xlarge	K10 GPU×1，内存 15GB，SSD60GB	2.3	0.65 美元/小时	23000 日元	有（0.90 美元/小时）
Microsoft Azure	NC6	K80 GPU×1，内存 56GB，SSD380GB	2.8	1.08 美元/小时	31000 日元	无
	NV6	M60 GPU×1，内存 56GB，SSD380GB	3.7	1.15 美元/小时	25000 日元	无
Google Compute Engine	（附加于 GCE 的 VM）	K80 GPU×1	2.8	0.7 美元/小时	2 万日元（除去 VM 费用）	无
SAKURA Internet（高性能计算）	Quad GPU	TITAN X×4，内存 128GB，SSD480GB	44	初期 815000 日元＋每月 93000 日元（2017 年 3 月起 267 日元/小时）	4000 日元（按月、小时收费）	有
	Tesla P40	P40×1，内存 128GB，SSD480GB	11.8	初期 875000 日元＋每月 97000 日元	14000 日元	有
	Tesla P100	P100×1，内存 128GB，SSD480GB	9.3	初期 895000 日元＋每月 99000 日元	19000 日元	有

主要 GPU 服务的比较

以往的付费方式多是先支付初期的施工费用，然后每月支付相应的使用费。这样的话，虽然每小时的使用费用并不高，但是机动性不够，而且无法反复多次取消再利用。

TITAN X，在机器学习的基础上考虑到了电视游戏等的 PC 用途，比起业务用的 Tesla 系列费用会稍微偏低。ECC（Error Correcting Code，即错误检查和纠正）存储等 Tesla 特有的功能无法使用，但是大幅降低了单精度 1T FLOPS 的成本，这也是它的一大优点。

也有使用 GPU 超级计算机的方法

企业因业务需要，可能一时要用到 GPU 服务器数十台至数百台，这种大规模使用的情况下，我们可以考虑申请使用超级计算机。

在日本国内，东京工业大学的 GPU 超级计算机"TSUBAME3.0"，于 2017 年夏天正式运行。搭载了 2160 个"Tesla P100"，理论计算性能为单精度 24.3P FLOPS，半精度 47.2P FLOPS。到 2017 年末，预计将完成由产业技术综合研究所研发的，半精度计算性能超过 130P FLOPS 的"ABCI"（AI Bridging Cloud Infrastructure，即人工智能桥接云基础设施）。

虽说是由政府负责的超级计算机项目，但是过去，从使用申请至审查，再到最后的开始使用，需要花费将近半年的时间，这对企业来说并不是一个好的使用环境。目前这种局面也在一步一步地改善。

人造卫星开发的初创企业 Axelspace Corporation，为了分析从小型卫星上收集到的数据，通过日本国内的超级计算机产业利用制度"Trial Use"，使用了 TSUBAME2.5。宫下直己董事长说道："从申请开始只花了 1 个月的时间，充分利用了 GPU 基础设施。在公司办公室通过网络连接进行登录，就跟使用我们自己公司的电脑一样，非常方便。"

也可以共同开发的形式使用 GPU 基础设施。Preferred Networks 与 Denso IT Laboratory 两家公司就是通过这种形式，共同使用了 TSUBAME 的相关服务。

如今，国外的 IaaS，日本国内的超级计算机，在 GPU 提供的服务上我们有了更多的选择，企业可以充分考虑成本问题并做出灵活的选择。

（浅川直辉）

Denso，为什么选择了 NEC

"我们将与 NEC 共同合作，导入 NEC 的人工智能（AI）技术，让汽车在行驶过程中能够自动察觉潜在的危险。"

Denso 的先进安全系统技术部的岸本正志部长，于 2016 年 12 月发表了上述声明，表示将在高度驾驶技术支援、自动驾驶、零部件制造等领域与 NEC 展开全面合作。Denso 在自己研发的驾驶支援以及自动驾驶系统中，导入了 NEC 研发的自动预测潜在危险的技术，想要争取早日实现该技术的实用化。

Denso 的先进安全系统技术部的岸本正志部长（左）与先进安全事业部、先进安全技术企划室的铃木知二室长（右）

要实现驾驶支援与自动驾驶，导入 AI 技术的系统需要能够即时判断周围的情况，即时对油门、方向盘、刹车等做出准确的操作。通过搭载在车上的相机与传感器收集数据，并即时进行处理，控制车辆行驶。

"之前，我们之所以开发车载传感器与相机的相关技术，主要是为了避免危险的驾驶状况，避免追尾事故的发生。"（岸本部长）例如，搭载于自动刹车系统上的毫米波雷达传感器与相机等就包括在内，我们采用的是丰田汽车研发的自动刹车系统。

Denso 研发的相机（左）与毫米波雷达（右）

这些系统里预测危险的运算方法，主要都是由人工来编写的。主要原则是根据事先确定好的条件，充分发挥系统的作用效果。"当一辆车以一定的速度和加速度迎面驶来时，系统可以自动预测几秒钟后会发生碰撞事故。"（岸本部长）

但是，要实现高度的驾驶支援和自动驾驶，仅靠人工来决定规则编写算法的研发手段，还是远远不能满足需求的。"例如，对从人行横道上朝着汽车的方向突然出现的步行者的预测，如何编写算法不是一件容易的事情。"（岸本部长）判断是否突然有汽车向自己驶来，也不是一件容易的事情。

像这样，使用传统的手法难以编写的运算，Denso 计划导入深度学习等 AI 技术进行编写。于是，就有了与 NEC 的合作，灵活运用 NEC 的技术。"在研发驾驶支援与自动驾驶系统时，我们必须考虑到的驾驶场景会不断地增加。"（岸本部长）这么多的场景，由人类的开发者一个一个地进行验证，然后进行规则的编写，这无疑是一项庞大的工程，可以说是毫无效率。

预测 3~5 秒内将要发生的场景

Denso 最看重的就是 NEC 所拥有的危险预测技术。驾驶支援与自动驾驶的机制，大体可分为三个领域：把握周围状况的"认知"，决定如何驾驶的"判断"，控制油门、方向盘、刹车的"操作"。

NEC 正在积极推进的危险预测技术，可以应用于认知和判断领域。对周围行驶的车辆、人行横道上的行人、交通标志等做出分析，预测数秒后可能发生的状况。还可以分析过去发生过的交通事故，将事故发生前的状况与现在的状况进行对比，达到预测危险的目的。

分析时用到的工具有掌握周围状况的相机、毫米波雷达、通过红外线感知周围状况的 LIDAR（激光雷达）等。这些工具都是 Denso 利用自己所擅长的技术研发出来的。数据分析时，不但有相机拍摄的图像数据，还有雷达获取的位置信息以及距离、速度等信息。

NEC 制造、装置业务系统开发本部，汽车、ITS 系统部的加藤学部长，根据过去的实验结果介绍到"我们的实验已经成功地实现了预测 3~5 秒内周围车辆的状况"。

Denso 与 NEC 于 2016 年 12 月就已经开始了各种实验。Denso 拥有车辆行驶方面的大量数据，将这些数据在 NEC 的设备上运行，然后展开各种实验。

岸本部长介绍说："这项技术真正实现实用化的时候，到底要达到什么样的精度才算合格？判断为哪一个危险程度才进行控制操作？面向实用化，事实上还有很多亟待解决的问题。"

使用 AI 技术进行预测，我们也无法保证 100% 的准确度。与人类司机做出错误判断导致事故发生一样，AI 同样也有无法预测到的情况。"今后我们将与 NEC 保持紧密的合作关系，不断推进各项试验。"（岸本部长）

积极导入其他公司的技术

Denso 今后也将积极推进与其他公司的合作。Denso Advanced Safety 事业部、先进安全技术企划室铃木知二室长介绍到"按照实际需要，我们将积极导入其他公司所拥有的先进技术"。

例如，2016 年 12 月 9 日 Denso 发布，与研发图像解析技术的 Morpho 共同合作研发使用了深层神经网络（DNN）的算法，将 DNN 导入图像解析技术，并将研究成果应用于驾驶支援与自动驾驶系统的研发中。

与 NEC 的合作，正是 Denso 所采取的开放式合作方针的产物。今后，将在感知潜在危险预测技术的研发上，与 NEC 共同合作，争取早日实现该技术的实用化。

"我们也会尝试将 NEC 所拥有的其他技术导入汽车业务。"（岸本部长）例如，预测汽车各零部件是否会出现故障等的技术。NEC 拥有的技术，可以对各零部件工作状况的数据进行分析，预测可能会发生的故障或者导致的事故。Denso 相关人员表示，虽然还没有具体的实验计划，但是，与 NEC 的合作无疑为我们创造了更大的机遇。

（冈田薰）

第 7 章
AI 的课题——记者之眼

超越人的智慧才是真正的 AI

现在，AI 技术方兴未艾。"一半以上的人类工作将由 AI 来完成"，"AI 的智慧凌驾于人类之上这一'奇点'将于 2045 年到来"等说法甚嚣尘上。人们一直认为在围棋中电脑战胜顶尖选手很困难，而这在 2016 年就已经实现。按照这个趋势，超越人类智慧的 AI 好像很快就会出现，而"利用了 AI 技术"之类的新闻也不少见。

但是，长期身处 AI 界的人应该了解这种光景，以前曾经切身体验过这种气氛。如果和笔者一样，同为 50 多岁的工程师，应该会知道，这便是当年我们大学毕业刚入职，或是入职前进行实习时的光景。

是"第三次会有好运"呢，还是"有再一再二，就有再三再四"呢
到现在估计无须多言，这已经是第三次 AI 发展热潮了。

最初的一次 AI 热潮发生在 20 世纪五六十年代。作为探索棋盘上的棋步的方法，人们发明出 Minimax 法和 Alpha-Beta 法等算法，电脑便开始思考国际象棋和黑白棋等完全信息型的游戏玩法。但是由于应用范围有限，第一次 AI 发展热潮最终冷却下来。当然，虽然热潮不再，但是技术的开发仍在进行，譬如电脑操作的黑白棋便是应用了这项技术。在游戏的最后阶段，电脑会完全预测到游戏的走势并最终获胜。而 1997 年打败国际象棋世界冠军卡斯帕罗夫的"深蓝"便是这一技术的延伸。

还有一项重要的技术也是在这一阶段诞生的，那就是感知器。感知器的构造模仿了人脑的构造，用现在的话来讲，就是由输入层和输出层两阶层构成的神经网络，由弗兰克·罗森布拉特于 1957 年提出。人们确定它可以通过学习来改变动作，由此，掀起了一时的研究热潮。但是由于它只是单纯的二阶层的构造，只能解决线性可分的问题，人们对它的兴趣也迅速淡去。但是，它是现在与深度学习有密切关系的神经网络的基础。

第二次 AI 发展热潮发生在 20 世纪 80 年代。此次热潮应该有很多人都亲身体会过。日经 BP 的业务通讯《日经 AI》便是创立于 1986 年，于 1992 年 4 月更名为《日经智能系统》，并于 1994 年 10 月休刊。从 1992 年开始参与此媒体的笔者亲眼见证了第二波 AI 热潮的回落。还有人宣称自己正在使用 AI 技术，但是他使用的技术其实怎么看都跟 AI 技术没什么关系。不过我也身处拥护"AI 热"的立场，还曾将这样的事例作为"AI"向其他人介绍。

将人类的知识系统化

当时流行的关键词是"专家系统"。验证了"专家系统"性能的是斯坦福大学开发的名为"Mycin"的系统。"Mycin"是一个辅助病情诊断的 AI，使用者通过"是"与"否"来描述症状，系统便能比较确切地给出导致发病的细菌名称以及推荐的药物。

当时使用的是一种叫作"产生式规则"的技术，以"如果 A，则 B""如果 B，则 C"的形式来定义对象领域的规则。如果两个条件都成立，那么便可推导出三段论"如果 A，则 C"，这就是 Mycin 的机制。规则与推理引擎组合起来，便被称为专家系统。

但是，如果用 Mycin 替代人类，并应用到诊断或者拟订计划等的系统中去，又会出现很荒谬的问题。当然，这是因为人类无意识引进的各种条件都会被记录下来。因此作为专家的 KE（知识工程师）受到了广泛关注，当时的困难估计也不难想象。必须要将属于无意识范围的东西意识化，实在是难以办到。

这能否称得上是智慧的流露呢

另外，将这种方法看作人工智能也并不有趣。这样将其作为"规则"写下去的话，我们很容易产生一种想法，就是这不就是普通地记述程序吗？由规则引导的记述与推理引擎的结合确实使记述更简单，但是从本质上来讲，这与程序那样顺序性的记述没什么区别，只不过是将人类所掌握的动作（暂且不管动作是否是智能的）移植到机器上罢了。

这应该无法称其为机器流露出的智慧。在这一点上，我还是更期待同时期颇受瞩目的神经网络。感知器再加上利用误差反向传播法的学习，使之前没有的多层神经网络的定义成为可能。这也是现在流行的深度学习的开端。

神经网络的有趣之处在于，无论是有教师还是没有教师，它都能自己组织自己学习。直截了当地说，这就是一个针对输入状态，给出一个确切值的映射系统。即使输入与输出的关系并不是特别明显，它也会找出恰当的关系并给出一个确切的回答。在某种意义上这也是机器学习的优点。神经网络在机器学习中会给出"像人类一样的回答"，这点很有趣。

但是误差反向传播法的模型在超过三层以后会出现学习收敛速度慢，或者是不收敛的案例。这本来就是计算量较大的模型，依当时计算机的性能来看，将其复杂化是很困难的。所以，虽然神经网络受到了很大关注，但是应用却并不广泛。反过来讲，它并不适用于小规模的问题。

不明白理由总有些不舒服

此外，有很多人也批判说虽然结果出来了，但是并不知道理由，有些不舒服，所以也无法相信结果。但是这并不局限于神经网络，这是所有的机器学习都存在的问题。那么我们为什么还要使用神经网络呢？说实话，笔者也给不出合适的答案。

机器学习应该应用在发现那些人类难以发现的相关性，或是对人类来说太过繁杂的大量信息的识别上。后者的应用，比如说垃圾邮件过滤器。使用贝叶斯过滤，可以在学习了邮件的内容之后将其适当地分类。另一方面，AlphaGo 发现的"走法"扩展了人类对围棋的认知，而这种认知，在之前对人类来说是很难想象的。如果我们知道了 AlphaGo 是如何发现了那步走法的话，或许这个发现早在之前的人类研究中就已经被提出来了。

但是对神经网络感到不舒服这种现象现在仍然存在，最近关于 AI 的报道中还有将其作为课题批判的。到现在还是这样啊，我不由自主笑了出来。

（北乡达郎）

深度学习与多层神经网络

众所周知，AI，特别是深度学习的发展已经超出了我们的想象。但那时，对于"深度学习"一词，笔者有些不太能理解。"深度学习是指……"在网上看了此类的说明也让我发出疑问，这与之前的神经网络区别在哪儿呢？

《深度学习框架》一书这样说明，"深度学习是通过大量数据对多层神经网络实施机器学习"。也就是说，只要是多层神经网络就可以，但是多少层以上才算是多层呢？

三层以上便是"深度"

该书的《具有威胁性的深度学习，其原型由日本人开发》一文中写到，"一般将三层以上的神经网络称为深度神经网络（DNN）"。也就是说，多层即三层以上。对于 DNN 来说，虽然是定性的，但是使用了大量的数据让其学习后，便可自称为"深度学习"。

另外，在上面所提的文章中展示了一张三层构造图，作为简单的神经网络的例子。可能读者会感觉有点矛盾，即使再简单也是 DNN，这是没有办法的。由于图示比较"简单"，所以在介绍神经网络的时候一般都用三层结构。但是对于神经网络的学习算法来说，有三层就已经是十分复杂的问题了。

这一点，从 20 世纪 80 年代末 90 年代初第二次 AI 热潮兴起之时，神经网络的应用实例多为两层结构上也可以看出。当时神经网络使用的利用误差反向传播法的学习技术如果到了三层结构，便会产生无法很好地传递误差的问题。

输出层产生的与正确答案的偏离（即误差）再返回到中间层与输入层（反向传播），而在此进行的权值修正是误差反向传播法的重点。一般都是朝误差能最大程度减小的方向修正参数（称为最速下降法）。1967 年，甘利俊一先生已经证明三层结构的网络学习也成立。而这一点由鲁梅哈特重新发现，并命名为"误差反向传播法"，这就是 20 世纪 80 年代后期神经网络备受瞩目的原因。

结构超过三层，学习就变得困难

但是，三层神经网络的学习算法如果要应用到现实的模型中却无法很好地发挥作用。首先一个问题便是误差无法很好地传递到上层，这被称为"梯度消失"。其次，容易陷入过度拟合。最后，虽然逻辑上容易陷入局部最优解，但是由于层数增加，局部最优解也会增加，这也是一个需要面对的问题。

深度学习能够成立，是因为这些问题得到了一定程度的解决。梯度消失的问题通过改变决定神经网络是否起火的"激活函数"解决了。容易陷入过度拟合的特性，通过使不进行有效学习的神经网络随机产生的技术得到了消减，这项技术被称为"Dropout"。另外，通过"Mini-Batch"的技术，将学习梯度分割，使其不容易陷入局部最优解。

总之，深度学习是由神经网络渐渐进化而来的，而技术本身并没有什么新奇的改变。这一点，从卷积神经网络（Convolutional Neural Network）上也可以看出。卷积神经网络提高了图像识别率而使深度学习受到了关注，这项技术在 1979 年福岛邦彦先生提出的新认知机中也有使用。另外，卷积滤波器是在处理图像时为了提取特殊的信息而使用的技术，在某种意义上，可以说基于特征提取的事前作业被当作神经网络的一层。反过来说，通过不断努力，坚持细致的钻研，最终开发出了这项技术。

能够使用大量数据

当然，技术的进化是很重要的。但是在神经网络技术之外，还有一项因素也发生了很大的变化，那就是使用环境。首先，由于网络的普及，使大量数据的收集成为可能。比如收集过去的翻译结果并用于机器翻译这一想法 20 世纪 90 年代初期就有了，被称为 EBT（Example Based Translation），但是当时无法收集到足够的实例来完成实用的机器翻译。使用了谷歌神经网络的翻译机器，就是收集了网络上被认为是翻译过的文章并学习的。

当然，还有一点就是进行处理的计算机的性能得到了大幅度的提高。与 20 世纪 80 年代相比，现在的笔记本电脑都拥有与当时的超级计算机匹敌的性能，神经网络的学习由于计算量较大，会耗费很多时间。而另一方面，演算本身就有很高的并行性，而可以进行大量的并行计算的 GPU（Graphics Processing Unit）便得到了有效的利用。最近一块显卡都可以进行几个 T FLOPS 的运算。

而神经网络是适合并行处理的计算模型。通过这两个因素的叠加，使本来计算量就很大的神经网络的规模扩大成为可能。另外，理论上只要使用了多层化的神经网络，便能表达任何的计算机动作。而这种学习以及模型的定义是否能够成为现实先暂且不说，神经网络是可以表达所有的计算机的。

但是，即便如此，也不能保证这便是超越了人类的智能。这不过是表达了所有的计算机，人类的智能是否和计算机是同样的构造还有待确认。

（北乡达郎）

向特殊发展，AI 需要解决的本质问题

笔者认为在理解各种事物的时候，实际接触一下是最简便的方法。如果只是用耳朵听的话，难以把握事物的本质。因此自己实际接触的话，也就可以验证他人主张是否正确。

为了理解深度学习，作为其中的一环，笔者稍稍尝试了框架 TensorFlow（一款线性代数编译器）。这是一次非常有趣的经历，虽然笔者希望大家也一定要尝试使用并去理解，但是显而易见，这并不是一件简单的事情。特别是笔者所尝试的预测汇率的课题又很难，如果门外汉只要稍微做做就能定义出完美模型的话，那谁都不用辛苦了。

这是理所应当的。如果如此简单就能做出准确的预测模型的话，也就不需要神经网络的专业研究人员了。

万能的学习算法并不存在

笔者在这个过程中不断查阅资料，并且在很多地方都讲过"万能的学习算法并不存在"，笔者将其叫作"没有免费的午餐定理"。本来将特定的学习模型应用于各种问题，结果就只是能发挥出平均的学习能力。这件事向我们表明了现在的 AI，即深度学习并不是万能的。

总之就是如果不针对问题来定义相应的准确模型的话，就算是深度学习也无法发挥效用，笔者个人对于"特殊"议论持有疑问正是这个道理。归根结底，如果不是人来定义模型，即使是深度学习也不能顺利行动的话，笔者感觉所谓"超越人类"什么的是根本不可能的。

当然，成功定义准确模型的前提下，关于个别问题笔者不能否定 AI 已经超过了人类，这是既成事实。但是，针对问题生成模型的能力，AI 是比不上人类的。

设计网络的网络十分必要

进一步说，人类自身在面对问题时，构建准确模型的方法尚未确立。当下，有经验的研究者通过反复试验来构建准确的模型。人们现在还依赖着基于经验的、难以用语言表达出来的知识。

电脑在制作"为了解决某一个问题而自动生成合适的模型的人工神经网络"时，恐怕需要非常多的参数。当然，如果只是参数多这一因素的话，这一问题或许会有新的突破。

围棋中各种组合出现总数比将棋多一位数，比国际象棋多两位数。可以想象计算机战胜有名的围棋选手还需要更长的时间。将棋与国际象棋是通过传统 AI 模型的改良版而解决这些问题的，而围棋是通过其他的深度学习的方法来解决的。如果能够应用这种意料之外的其他方法，问题也有可能突然就解决了。

例如，随机生成各种神经网络，然后进行学习和验证。如果从这个结果当中能找到向某个方向前进，或者放弃这条道路的学习方法的话，那么由机器决定网络构成的方法就有可能实现。编程中高水平的学习网络正是如此。首先找到能够跨越多个阶层传播误差信息的学习方法，随着深度学习的成立，设计高水平的学习网络也是有可能的。

强化学习出现新苗头

虽然不是比较明确的状况，但学习方法的开发的确已经开始。其中之一便是被称作"强化学习"的方法。强化学习并不是给出正确的数据让人学习，而是使针对"行动"做出选择所获得的"报酬"最大化的学习模型。其中应用于 AlphaGo 的 Deep Q-Network（DQN）方法现在十分惹人注目。DQN 正是应用了深度学习的一种学习方法。

在被谷歌收购后，曾开发出 AlphaGo 的英国 DeepMind 公司，利用 DQN 这种学习方法，在玩美国 ATARI 公司的游戏机"Atari 2600"的 49 款游戏时，其中 43 款玩法更先进，而且其中的 29 款游戏玩出了比人类顶尖选手所下棋局更精彩的名局。这些或许是不需要使用高级学习方法，只要通过灵活、简单的学习方法便可以实现的。

但是当下，即使学习手法相同，共同的模型也未必能解决多种多样的问题。比方说 DQN 方法如何给出作为目的的报酬，或者定义什么样的行动，最基础的起点必须由人来做。

事实上已经有人提出了利用强化学习的、高水平的学习网络模型，这在上文已经提过。这也是已经在谷歌上公开的论文，即利用强化学习来调整模型的分层构造或隐藏层级的神经元数量等参数。

当然这是需要时间的。因为需要各自生成模型后使其学习，并评价结果。事实上曾经有记述显示，有人用 400 台 CPU 和 800 台 GPU 来学习模型。能够这样无穷尽使用计算机能源进行研究的，印象中只有谷歌才能做到吧。

究竟能找到"问题"吗

这与实现向特殊发展的另一大课题相关联，即找到最初的"问题"。计算机原本是按照程序固定地运行的，即使不断重复同一件事情，计算机也绝不会厌倦。因而也不会对现状不满。

但是人类不同。正是因为对现状感到不满，所以人类才寻找课题，探讨解决办法。因此，也就只有人类才能发现问题，不是吗？

笔者认为"发现问题"这一点，正是计算机最欠缺的东西。因为只有实现运转高速化和处理能力的提升，计算机才能处理大量的数据。作为结果，深度学习或者 AI 才能发展到现在的样子。计算机的处理能力应当还会进一步提升。但是即使这样也有解决不了的问题，因为人类的计算速度本来就比不上计算机。

（北乡达郎）

笔者尝试的深度学习，毫无疑问不是件简单的事情

笔者从学生时代开始就做过一些编程。根据需要也使用过 C/C++、Object Pascal 等程序语言或者 Ruby、PowerShell 等脚本语言。但是关于 Python，笔者认为有 Ruby 就足够了，所以就没有使用过。

《日经 NETWORK》（日经 BP 公司发行的网络技术专门杂志）刊登了用脚本来介绍通信软件结构的企划，在思考这一企划时，笔者发现在深度学习或者机器学习、数据科学领域，Python 被人极力称道，因此笔者也想尝试 Python。但问题是在《日经 NETWORK》上作者曾多次推荐 PowerShell 是通信软件中不可或缺的多线程指令。有过这样的事情，所以也比较难办。

但实际使用之后，有几件事让笔者感觉到"Python 真不赖"，容易记述就是其中的一点。用缩进来表示"块"，这比想象中还要简洁易懂。

大多数的编程语言采用"{"和"}"或"begin""end"的组合来表示"块"。而 Python 用缩进来表示"块"的安全性也很高。从程序员的角度来看，考虑到源程序的易读性反正都是要调整缩进的。考虑到工夫的话，不要表现"块"的记述的话，立刻就能开始动手做。对于杂志的制作者来说也有刊登在杂志版面上不会浪费多余行数的优点。

比起这些，笔者更感兴趣的是包含图形绘制、矩阵操作在内的程序库十分丰富这一点。例如由美国 Continuum Analytics 公司公开的系统"Anaconda"，就如同在网页浏览器上编辑文档一样，能够部分地编辑、运行脚本，非常方便。另外由美国谷歌开发的"TensorFlow"以及由日本 Preferred Networks 开发的"Chainer"等作为实现深度学习的程序库被公开，任何人都可以轻松尝试。

尝试深度学习

在这里笔者也尝试了神经网络，因为并不是程度很高的模型，因此比起深度学习不如叫"神经网络"更合适。但总算也是 3 层以上的构造，说不定叫"深度学习"也很合适。

笔者尝试的动机是，最近到处介绍的 AI 的大半都是深度学习，要是深度学习如同坊间所说一样万能的话，笔者认为自己说不定也能轻松制作出测试模型。

题材上笔者选择了容易收集数据的领域——汇率。当然笔者也盘算着如果能够成功制作预测模型的话，通过交易还能获得利润。深度选择的程序库，笔者使用了 TensorFlow。

要是看深度学习的参考书的话，多数都是关于 CNN（卷积神经网络）的。深度学习的效用最初就是在图像识别方面显示的，而 CNN 本来就是作为提取图像特征的过滤器被创造出来的。如果将价格的演变制成图像来进行识别，这个机器说不定可以进行预测。

但是这次笔者没有使用 CNN。经调查笔者发现，涉及时间序列数据时"递归"网络构成很好用。单纯的递归型网络虽然是 20 世纪 80 年代后期被发明出来的，但是和 3 层构成的反向传播模型一样，有容易丢失重要信息的倾向。然而 TensorFlow 系统上搭载了 LSTM（Long Short Term Memory，即长短期记忆网络），它是循环网络改良后的模型。因此，笔者决定使用该系统。

暂且将 LSTM 作为神经元来处理，6 个 LSTM 排成一层，并对以该层为中间层的神经网络进行定义。然后让系统学习时间单位的数据，在此基础上做出的预测结果可能不够十分准确，但是我们可以从中看出一定的倾向，这一方法说不定可以为今后的发展打开突破口。

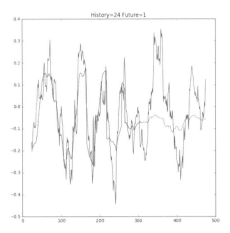

使其学习 24 小时的演变结果。蓝色是实际
值，绿色是将学习结果应用于教师数据的结
果，红色是以未学习的数据为基础预测出的
结果。能够看出红线跟随大变动的趋势。

趁着这个势头，将中间层的神经元数量增加到两倍，结果在学习范围
方面形成了过度贴合。从情况上来看这是一种倒退。因为是纯门外汉的判
断，笔者也不明白这是否正确。过度贴合的话，增加学习数据数量说不定
能解决问题。笔者尝试将数据量增加到 5 倍，但是情况并未有所改善。

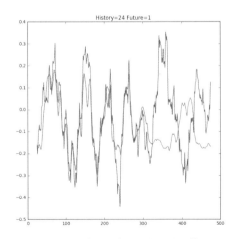

将 LSTM 层的神经元数量增加到两倍。绿
线紧紧追随细小的变动，而红线的变动则与
实际数据相反。

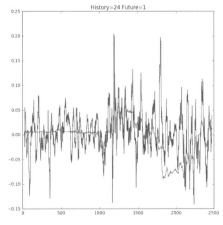

将神经元数据量增加到原来的 5 倍。能看到
轨迹和原来的变动趋势有了出入。倾向上虽然
较为接近，但应为正却表现为负的情况也很多。

191

这之后或是增加学习数据量，或是为了由数值预测向倾向预测转变而改变学习数据，或是改变模型。笔者进行了多种尝试，但结果却是不断倒退。最后完全无法收场。总之没能制作出准确预测的模型，理想十分干脆地被现实"击沉"了。

终于完全不学习了。在 TensorFlow 中，叫作"TensorBoard"的功能可以观察学习情况。"Loss"的图像十分平缓，由此可知误差没能被消除。

准确预测模型的生成是神经网络中重要的一环。即使是学习数据，除了适当的收集，某种程度的修剪、整形都是必要的。笔者感觉到，无论过去还是现在这一点都没有变。

比起这个，笔者对 Python 的关联数据库与工具的完备情况，感到十分佩服。它可以用网页浏览器确认学习情况，以及用图表轻松表示数值的近似性。并且，我完全赞同"Python 对于机器学习与深度学习来说不可或缺"这一说法。

顺带一提 Python 中与通信相关的程序库也十分完备。如根据 HTTP（超文本传输协议）从服务器获得项目的"Requests"或使得 TCP/IP（供已连接因特网的计算机进行通信的通信协议）层面的通信成为可能的"Sockets"，等等。虽然没有附加标准，但也已经有了为实现网络命令"Ping"的程序库。网页上公开的信息也很多，其中还有用脚本实现 TCP 协议栈的勇者。Python，确实很便利。

（北乡达郎）

运用 AI 技术挑战 13.5 字标题的 "雅虎话题"

现在，很多场合已经开始运用人工智能来自动生成报道。

在这一领域进行信息采集的过程中，我们听到了一个很有意思的话题，就是 Yahoo！ JAPAN 试运用 AI 进行新闻标题编辑的消息。

谈起 Yahoo！新闻，其 2016 年 8 月的月总浏览量超过了 150 亿，是很受欢迎的新闻网站。打开雅虎主页，我们就会看到在很显眼的位置上显示的新闻，那就是可以将话题内容用 13.5 字（半角按 0.5 个字计算）进行阐述的雅虎话题。

长标题也可以保证压缩到 13.5 字以内

同样的新闻网站也有谷歌新闻等，但是基本上其他网站都不会去压缩标题的字数，而是直接采用原标题，以致读 30~40 字的标题就会花费一些时间。从这一点来看，标题字数少的雅虎新闻就很适合迅速了解时事。

将原本 30~40 字的新闻标题缩短到 13.5 字以内后，不仅不能改变原意，还要达到增加点击率的效果，这会是一项技术含量很高的工作。但是，雅虎新闻标题的特点就是 13.5 个字。据说有很多在原有新闻媒体公司积累了很多经验的专家现在就职于雅虎话题。

负责雅虎话题编辑的山本悠先生说："我一般 30 秒就会完成标题的缩减工作，如果团队讨论的话大概需要 4~5 分钟。"对于雅虎话题的负责人来说，标题缩减工作虽然是一项很重要的工作，但是说到底那也是业务的一种，需要思考如何去提升工作效率。因为发现需要报道的新闻，寻找相关新闻等工作也需要花费时间。

雅虎（Yahoo！ JAPAN）"话题"的 13.5 字标题

（出处：Yahoo）

新闻照片编辑技术已经投入运用

雅虎公司上下都十分重视数据分析功能的强化，也设立了数据科学解决统括本部。此部门研发的成果已经运用到新闻照片剪切编辑上。这就是运用 AI 的图像分析技术而研发的技术。

在 2016 年时,雅虎话题的负责部门与数据科学解决统括本部萌发了"AI技术能否运用到雅虎话题的标题字数缩减工作当中呢"的想法，随后便开始了研究。

数据科学解决统括本部的松尾一真先生如是说道："通过设定模式与规则来进行文章缩减，概括的算法多种多样，那么我想尝试一下深度学习怎么样呢。"

数据科学解决统括本部的松尾一真先生（左）与负责雅虎话题编辑的山本悠先生（右）

将过去 10 年中的话题数据作为学习数据来使用

作为深度学习的数据，研究小组使用了过去 10 年雅虎话题的数据。将缩短前的标题与通过专业编辑缩短后的 13.5 字以内的标题设为一组，十年的数据一共大约有 30 万组。松尾一真先生认为如此数量的积累，或许可以使其学习到专业的技巧。

学习的算法采用了翻译领域经常使用的"Encoder–Decoder 模型（编码—解码模型）"，原标题作为翻译前的文章，缩短标题作为翻译后的文章来供其进行学习。

通过这个学习模型自动生成的缩减标题，其准确度也很高。比如原标题为"'女排'木村沙织等 12 人被确定为里约奥运会代表成员"，自动生成的标题为"12 人被确定为奥运会代表"。

与专业编辑匹敌的"准确性"

为了客观评价自动生成的有效性,研究小组面向一般用户进行了问卷调查,调查内容为让读者对自动生成的删减标题与专业编辑删减的标题进行"可读性""准确性"比较。

调查结果显示,在"准确性(＝标题要点是否相同)"上并未有过大差别,自动生成的标题可以与专业编辑撰写的标题相媲美。另一方面,在"可读性(＝没有错误,语言自然)"上,专业编辑撰写的标题得分超过自动生成标题的得分。

举例来讲,对于"AI 小说以及绘画等的版权问题可思考的课题与发展方向"的原标题,专业编辑的版本是"非人类的 AI 有版权吗?"而自动生成的标题为"版权问题可思考的课题是什么?"这样看来自动生成的标题就忽略了"AI 作品的版权变化"这一要点,也就降低了标题的"可读性"。

AI 自动生成的标题不擅长缩短较长专有名词

村尾先生说道:"AI 自动生成标题时,如遇较长的且为数据库里没有的专有名词时,经常会翻译错误。"比如说在生成带有"Yu Darvish(日本棒球运动员名字)"等人名时,自动生成 AI 随意就将其省略为"Darv",同时,当日本的不知名的甲级联赛成为热点话题时也容易出错。比如出现像"科特迪瓦"(译者注:日语表述需要 8 个字符)这样的地名时,专业编辑会认为硬要将标题压缩至 13.5 个字是不可能的,但是 AI 却会强行压缩,从而导致表述不当。

从这样的结果来看,雅虎表示雅虎话题的标题缩短达到完全自动化的程度还为时尚早。"最终还是需要人工进行判断。"(松尾先生)2017 年6 月,已将自动生成 AI 作为面向雅虎话题负责人的辅助工具开始投入使用。

比如说对于原标题为"究竟如何,究竟如何。五郎丸有回归日本代表队的可能性吗？"的报道，辅助工具列出了以下的多个删减版标题候补选项。

- 五郎丸重返日本代表队的可能性

- 究竟如何，五郎丸是否归队

- 五郎丸重返日本代表队可能性有多大

- 究竟如何，五郎丸归队

- 究竟如何，五郎丸归队吗

处理标题时，加上"吗"这样的词是一个常用的技巧，但是有时句意也会因此发生变化，所以会进行强调，以引起注意。因此负责人会对候补选项进行修改，并最终确定缩短后的标题。

山本先生说道："有时候候补选项中会有编辑负责人想不到的标题，这样可以帮助打破思维定式，在更短时间内产生更简练的标题，以此达到很好的效果。"

雅虎话题的 AI 运用绝对不是一种炒作，将多年来网页运营积累的 30 万组数据运用到机器学习这件事情本身就是其他公司无法模仿的。笔者很期待今后的成果。

（清嶋直树）

来自专家的警告！
AI 系统的测试出现"混乱"

2017 年 4 月，日本 MM 综研公布了一项调查结果：目前在日本，将人工智能（AI）应用在自身商业实践的企业仅占总数的 1.8%，还有 17.9% 的企业正在进行考虑。即使将这两种企业的占比合起来，也还不到全部企业的五分之一。

与此同时，该研究机构还调查了 AI 应用在美国和德国的相关情况。调查显示，目前在美国，已经将 AI 应用在自身商业实践的企业占总数的 13.3%，正在考虑的企业占 32.9%；而在德国，前者占比 4.9%，后者占比 22.4%，这两个国家 AI 的使用率均高于日本。

关于企业管理层是否对 AI 技术及服务有充分的了解这一问题，调查显示，在美国给出肯定回答的管理层人员占比为 49.8%，德国为 30.9%，而日本只有 7.7%。不同国家间，企业管理层对于技术的理解程度相差甚远。

随着 AI 和机器学习的推广应用，一个大问题出现了

尽管如此，从 2015 年起，随着第三次 AI 热潮的兴起，日本的 AI 也得到了迅速发展。虽然其普及速度比不上美国和德国，但今后才是 AI 得到充分利用的关键期。

实际上，想要利用 AI 的日本大型企业目前层出不穷。2015 年，丰田在美国设立了丰田研究所（TRI），并计划在到 2020 年的 5 年内投入 10 亿美元经费。

松下则是大力储备 AI 技术人才。现在，松下公司内部大约有 100 到 150 位 AI 技术人员。他们的目标是到 2020 年时将人员数量增至 300 人，

2022 年时增至 1000 人，其中还包括不定期招聘和内部培养人员。

随着 AI 和机器学习的推广应用，出现了一个系统测试方面的大问题。"AI 和机器学习的系统测试非常麻烦，目前谁也没有找到解决方法。"

美国马里兰大学计算机科学系 Atif Memon 教授为我们敲了这样一个警钟。Memon 教授在软件测试和质量管理领域拥有 20 年以上的研究经验，他也曾和美国谷歌公司开展过共同研究。

美国马里兰大学计算机科学系 Atif Memon 教授

Memon 教授认为问题主要出在运行时会不断重复学习的系统上。那么，为什么测试会出现"混乱"呢？让我们一起来听听 Memon 教授的解说。

有必要关注代码和数据这两大维度

Memon 教授首先对普通软件和 AI 机器学习系统的区别进行了说明。

普通软件一般被看作是程序代码的集合。如若进一步开发它，软件的功能会变多，代码也会随之演进。

而在以机器学习为基础的软件里，除了程序代码，还有很大一部分是学习完了的数据。下面以无人驾驶的系统为例。

为了实现无人驾驶，需要在软件里添加许多功能。在添加功能时就需要修改代码，因此代码会不断演变。

与此同时，软件也在不断地学习数据。谷歌等公司反复让无人驾驶汽车行驶数百万英里，就是为了收集数据，促进软件的深入学习。

上面这些意味着，除了"代码的演进"，机器学习又带来了另外一个维度——数据。软件会不断地添加、修改代码和学习数据，直至达到目标。

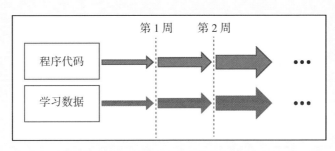

构成 AI/ 机器学习系统的两个维度

出处：依照 Atif Memon 教授的谈话与笔记内容，由《日经计算机》整理生成

当漏洞出现时，应该回到哪一节点的数据上呢

就是这样的一个区别，大大增加了测试的难度。通常在软件测试时，只需关注代码的演进。但在由代码和数据两部分构成的 AI 机器学习系统中，必须同时关注代码和数据，这使得测试难度大幅增加。

一直以来，软件测试只需关注代码这一维度即可，因此可以采用版本管理等方法。然而不幸的是，对于数据却不能采用同样的方法。

而且，代码和数据这两大维度联系十分紧密。自动驾驶软件的测试人员为了确认代码如何运行，在写代码时会根据该代码编写测试用例。

谷歌等公司让无人驾驶汽车行驶数百万英里来学习数据，并且是反复多次。然后，会发生什么状况呢？——根据某一代码所写的测试用例失败了。这是因为让软件学习数据后，虽然还是同样的代码，输出却和以前不一样了。按道理，数据一旦发生改变，测试用例也必须有所改变。

如果软件中出现漏洞（Bug），情况会变得更加复杂。

当修复好漏洞，要对再次编译过的软件进行测试时，测试人员会为难究竟应该从数据的哪一节点开始。

应该回到完全没有学习过数据时的状态吗？那样的话，数据就会全部消失。为了再次学习，又必须使用修改完的代码重复那数百万英里的行驶试验。

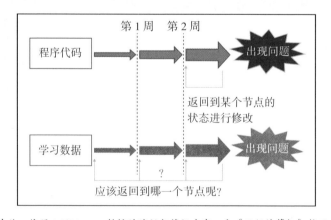

出处：依照 Atif Memon 教授的谈话与笔记内容，由《日经计算机》整理生成

"那不可能，成本太高了。"假设是这样的话，那就有必要来讨论是否可以将学习完的数据保存下来，然后通过某种手段恢复机器学习模型，进而重新植入数据。

但这绝非易事。人工神经网络便是典型，机器学习模型随着学习的深入会调整其内部状态的权重。而软件出现漏洞，可能是因为内部加权出现了错误。

如果是加权出现了错误，那么使用该模型就毫无意义。只能删除全部数据，使加权恢复初始状态，再次重新学习。

在测试中采用机器学习的方法

关于机器学习系统的测试，Memon 教授认为若只是模块测试的话，总会有些办法。但如果是系统测试，就非常困难，目前还不知道要怎么做才好。

比如，假设有必要实现数据的版本管理。Memon 教授表示："那样的话，在代码出现问题并修改后，也可以使数据回到当前状态的上一步。然后进行确认，如能顺利运行便结束修改，进入下一个状态。"

Memo 教授还提出了一个方法：在测试中采用机器学习，让搭载有机器学习功能的测试仪器去学习"系统是如何演进的"。测试仪器一旦发现漏洞，便基于学习结果做出如下判断：为了确认是否已经成功修补漏洞，需要使用某一测试模板。如果这个方法有效，就不用再从零开始学习数据或制作新的测试模板 了。

关于 AI 机器学习系统的测试，Memon 教授还说："为了攻克这一问题，不能只局限于企业和组织，还需要更多的外部力量。"今后，相关动向应该会越来越多。

Hearts United Group 便是其中一例。该集团曾在 2017 年 5 月 15 日宣布，罗森集团会长玉塚元一先生成了他们的社长，此事引发热议。该集团主营调试业务的子公司 DIGITAL Hearts 宣布从 5 月起，将和芝浦工业大学共同

进行无人驾驶的行车测试。从有关该测试的各种动向来看，或许有可能找
到解决难题的线索。

（田中淳）

注：采访过程中，得到 Bigtree Technology & Consulting、Happy Net
的和智右桂先生的大力协助。

做影响自己人生的重大决定时，你会接受来自 AI 的建议吗

　　有着丰富的自然景观和美味的食物，还有多种多样的休闲娱乐项目，而且距离工作地点只需 30 到 40 分钟的车程，这样的地方难免会让人觉得"住在这里或许不错"。

　　其实，符合以上所有条件的地方确实存在。它就是位于福冈县西部，拥有 10 万人口的城市——系岛市。

　　系岛市北临玄界滩，南面是连绵的山脉，中部是广阔的田园地带。蔚蓝的大海、幽美的田园风光、林木茂盛的群山，这里的自然景观十分丰富。在系岛，还可以享受海水浴、冲浪、登山等休闲娱乐项目。对于喜爱音乐的人来说，这里的夏日活动"Sunset Live"也独具魅力。

　　吃货们也一定想来这里。无论是卷心菜、西蓝花等蔬菜，或是柑橘、草莓等水果，还是加吉鱼、野生蛤蜊等海味，在系岛都可以品尝到，冬天还可以在牡蛎小屋大饱口福。史书《魏志·倭人传》对系岛也有记载，因此还可以在此一边散步，一边品鉴历史。

福冈县系岛市定居促进网"保证让您满意的系岛生活"

（出处：福冈县系岛市）

除了自然资源的丰饶，交通便利也是系岛的魅力之一。从福冈的博多、天神等中心地带自驾或乘车，仅需 30 到 40 分钟即可到达这里。

"如果住在系岛市，就可以过上下班回来便去海里游泳的生活"，富士通知识信息处理研究所人工智能基础项目的中尾悠里这样说道。他目前正在参与一项提高移居满意度的人工智能（AI）应用项目，该项目由系岛市、九州大学和富士通研究所共同推进。

据说，现在希望移居系岛市的人正逐渐增多。中尾称，他们在东京等地举行针对有移居意愿人群的活动时，队伍排起了长龙，系岛市公司的职员都接待不过来。

借助机器学习来改良基于属性和喜好的模型

上述项目主要是为了开发一种 AI 配对系统，向希望移居系岛市的人们介绍最适合他们居住的候选地点。

AI 配对系统的页面

（出处：九州大学、富士通研究所）

这个系统首先会询问人们的属性。属性是指性别、年龄、职业、有无私家车、工作地点、是否喜爱大自然、有无孩子（有孩子的话，是否已上学）、收入、是否想种些地、是否看重风景等，一共将近20项。然后，系统会基于回答结果从市内163个行政区中选取推荐区域，将其与回答者较为重视的项目一起显示出来。

这个系统利用了一种数理模型，该模型（主要以算式呈现）对希望移居的人们的属性和喜好进行了关联，并借助机器学习进行改善。属性是指"有无孩子""有无私家车"等，喜好是指"交通便利""离医院近""区域关系和谐"等。

不同的属性会对不同的喜好产生影响，如果没能正确建立起两者之间的关系，系统就无法显示出合适的地点。另一方面，九州大学工业数学研究所的穴井宏和教授（富士通研究所人工智能研究中心项目总监）表示："有关人们意识及决策的数据还不充足，甚至可以说大多数都'基本没有收集'。"

参与人工智能应用项目的穴井宏和先生（左）与中尾悠里先生（右）

因此需要利用机器学习来改良模型，建立起属性和喜好的正确关联。例如，如果希望移居的人的属性是"有孩子""中年"，那么系统在初期阶段就会重视"有孩子"这一属性，向其推荐交通比较便利的地方。

不过，随着学习的加深，系统会知道"中年"这一属性对决策更有影响力，于是对于希望移居、"中年"还"有孩子"的人，便会改为推荐离学校比较近的地方，因为希望移居的中年人有重视学校的倾向。在机器学习的帮助下，希望移居的人更有可能会感到"推荐结果是符合自己喜好的"。

该模型是基于对 100 个人的聆听结果，并"在回归模型和市场营销的选择模型等方法之上加入了独特秘诀而形成的"（穴井先生）。在机器学习的部分，利用的是以富士通研究所的探索方法为基底，可在短时间内发现对象喜好的学习机制。

AI 还未被社会接受

其实，上述项目还有一个重要目的，那就是提高 AI 的"社会接受度"，即考虑如何使 AI 进一步被社会接受。

包括语音助手、聊天机器人以及一些机器的自动控制功能在内，AI 技术实际上已经在我们的身边广泛存在着。可以说，AI 在某种程度上已被社会所接受。

但是，穴井教授认为："人们顶多是在不重要的决策上会接受 AI 给出的建议，AI 还未达到可以帮助人们做重要决策的地位。"

电影推荐，或者业务工作中作为数据分析结果进行参考，如果是这种程度，人们倒是可以接受利用 AI。与此相对，本次项目所涉及的移居乃"影响人生的重要事情，依靠 AI 比较困难"（中尾先生）。即使 AI 能够以十分高的精度将希望移居的人和居住区域进行配对，人们仍然很可能对结果不予采纳。

对此，中尾先生解释道："这是因为人们都有一种欲望，想要和人商量后再做出重大决策。"在努力提高 AI 的社会接受度时，如果不设法以某种形式来满足人的这种欲望，要想实现 AI 在现实场景的广泛应用还是很困难的。

如何能毫无违和感地将 AI 植入负责人的工作流程中

对于想要移居的人，系岛市的负责人通常会有一小时左右的时间聆听其诉求。想要移居的人不一定能够获得充分的信息来进行考虑。不过，好像还有人是在看了大海的照片后，就带着"能住在这样的地方就好了"的心情前来咨询的。

面对这样的咨询者，负责人会告诉他们"住在海边也有一些不方便的地方"，还会通过询问其"家庭成员构成""有无私家车""是否喜欢大自然"等问题来进一步了解对方的期望和属性，最后向他们建议道："还有这样的地方哦。"类似这样的对话，对想要移居的人做最后决策有着关键影响。

因此，该项目正逐步将负责人的对话技巧植入到 AI 系统里，从而提高其社会接受度。"说出自己的期待，对应的推荐区域就会显示出来"，"期待发生改变，系统推荐的区域也会随即更新"，项目首先就是要实现这样的功能。

中尾先生表示："刚开始只是显示推荐区域，不过之后还会添加显示负责人和咨询者对话中的常有内容，如推荐区域的实际生活案例等。"

在目前的实地测试中，系统只起着辅助系岛市负责人进行解说的作用。至于"如何能毫无违和感地将 AI 植入负责人的工作流程中，还在不断地试错和探索中"（中尾先生）。例如，将系统放在负责人的旁边以便咨询者使用，但"咨询者一般都想和负责人交谈，不怎么会去关注系统画面"（中尾先生）。鉴于此，项目人员也在尝试将系统搬离负责人身边，然后在负责人模拟讲解的过程中，进一步考虑如何利用系统。

穴井教授表示："尽管 AI 在一开始只是用来辅助负责人，但随着它对各种各样的信息的学习，在一些业务上 AI 和人的角色将会发生互换。基于这样的预期，我们会进一步改进算法和用户界面，不断地积累经验。"

AI 与人类一同"成长"

该项目邀请了 5000 人体验自己的系统，从而对模型进行改良。与此同时，还在有移居意愿人群的活动上，针对他们举行了 5 次实地测试。关于属性和喜好的匹配度，中尾表示："目前已经达到了很高的精度，从想要移居的人那里也听到了'同自己喜好相近'的评价。"

该系统将于2017年3月结束试验，然后争取在2017年内正式投入使用，并计划在网上开放使用。另外，关于是否将该项目打造的功能作为富士通人工智能体系"Zinrai"的API（应用程序编程接口）进行公开，项目方面也会予以讨论。

至于AI的社会接受度问题，今后应该会继续进行探索。中尾先生说："AI本来就是要和人类一起'成长'的。它并不能一开始就给出一个完备的解决方案，而是通过学习变得越来越聪明。但是，通过实地测试，我们了解到许多人都把AI给的结果当作'完备的解决方案'。"

在活动上，讲解人员可以告诉大家"AI是通过你的答案变得越来越聪明的"，但如果是在网上开放使用就无法这样做了。本来，系统的目的之一是减轻工作负担，若是再开设什么咨询台，那就是本末倒置了。究竟该如何让人们对AI有一个正确的认识，如何来提高AI的社会接受度，这不仅是一个项目所面临的重要课题，同时也是社会各界需要付出努力的事情。

AI迟早都会进军可能影响我们人生的决策领域。在那样的时代来临之际，我们是否可以接受AI的存在？就算是为了不被AI玩弄，我们人类也需要去理解AI的作用和局限，做好与其一同成长的心理准备。

（田中淳）

赋予人工智能少女和工业机器人个性，
也是非常重要的 AI 训练

　　"让我们培育人工智能少女，并将其打造为游戏人物吧！"2016 年底，在网络上出现了如此引人注目和热议的口号。而这，其实是游戏《刀剑神域》的一个策划，这款游戏由万代南梦宫娱乐于 2016 年 10 月发售。该策划的主要内容是尝试在游戏中教一个名叫"Premiere"的人工智能少女使用语言，继而使她可以在游戏中玩耍。

　　在一个半月的时间里，多位用户通过在推特上的对话来培育 Premiere，助其形成人格。结果，Premiere 学习了很多来自用户们的"不好的话"，没能成长为最初人们所期待的"好孩子"。不过，这种通过与人交流来使 AI 变得更加聪明的机制本身，是有可能在多方面进行应用的。

万代南梦宫娱乐于 2016 年 10 月发售的游戏系列《刀剑神域》的
人工智能（AI）少女"Premiere"

（出处：万代南梦宫娱乐）

向"自然语言处理 AI"教授语言，进而提高其性能，这种做法已经相当普遍。在恋爱咨询软件中，让 AI 对语言和情感进行识别已作为商业尝试得到开展。在 NTT Resonant 的"告诉我！Goo"、雅虎的"雅虎！智慧袋"等问答网站上，通过恋爱咨询让 AI 学习更加自然的对话和人的情感，从而利于以后在客户服务中心、旅行介绍网站以及育儿养护现场等进行商业尝试。

在深度学习上也需要人来训练 AI

在进行有关 AI 的采访过程中，笔者越来越觉得"AI 是通过与人的各种正确联系而不断进化，然后变得更加有用"。就目前来看，让 AI 自己思考，并且拥有与人同等的思维和判断能力是很难的，所以还十分有必要对 AI 进行训练。尤其是有关控制机器人和汽车方面的 AI，由于相比其他领域在安全性和成本上有着更高的要求，所以更加需要进行训练。

在工业机器人和分拣机器人的控制方面，一直以来，工程师都必须要花费很长时间进行准确动作的编程。近年，得益于深度学习的逐渐普及，工程师不必再像以前那样一一地教授动作，机器人现在自己就可以学习动作。在这一领域，发那科和 AI 公司 Preferred Networks（PFN）等联合开发的"FIELD system（FANUC Intelligent Edge Link and Drive system）"较为有名。

比如，如果想让工厂内的分拣机器人去夹取散装快件，那么只需反复让其练习夹取的动作，在不断的试错中它便可以逐渐学会准备夹取。一开始机器人会任意进行夹取，但它会从"只要抓到快件的某一特定部分，便可平稳夹取"这一经验出发自动进行学习，不用多久就能比人来编程更快地完成动作。在机器人身上安装摄像机，依靠图像识别来选定夹取位置。

同样运用深度学习来让机器人学习动作的，还有位于美国旧金山的 AI 公司 OSARO。其大致原理和 PFN 的类似，在机器人的身上安装摄像机和传感器，让其不断试错来学习夹取物体的动作。

导入美国 OSARO 的 AI 机器人抓取物品的实验情景
（出处：美国 Fenox Venture Capital）

OSARO 特别的地方在于，人可以使用 3D 鼠标等来教机器人学习最恰当的动作。这样一来，学习时间就可以比任意尝试花费都少。OSARO 目前有来自美国雅虎、PayPal 等公司创始人的投资。

汽车的 AI 只起到辅助人的作用

在汽车领域,研究人员正致力于利用与人的相处方式来促进 AI 的学习。2017 年 1 月 5 日至 8 日，在美国拉斯维加斯举行的 "CES 2017" 上，有许多展品都在关注人与 AI 的相处方式，给人的印象是人们对 AI 的关注点发生了变化，从前是努力挖掘 "AI 的可能性"，现在转变为脚踏实地讨论 AI 技术。

"目前搭载在无人驾驶汽车上的 AI 是不完整的"，丰田汽车美国子公司 TRI（Toyota Research Institute）的 CEO（首席执行官）Gill Pratt 在演讲中承认了 AI 的局限。利用了现有 AI 技术的无人驾驶功能并不是万能的，说到底只是起到辅助司机的作用。Pratt 表示，他们正在努力将理解人的技术同自动驾驶技术结合起来，争取掌握一种可以使利用 AI 变得更加安全和舒适的技术。

日产汽车会长、社长兼 CEO Carlos Ghosn 也说到，即使可以把汽车的基本驾驶操作交给 AI，也很难让 AI 在工地或者事故现场应对突发事件。不过，如果发生了那种情况，由位于指挥中心的人来远程操控车辆，并将该突发事件信息通过云技术进行共享，通知其他车辆绕行，或者学习一些其他的应对方法，这种方案倒是可以实现。

日产汽车，无人驾驶车要能够应对事故现场等的突发事件，必须由人类进行远程控制

（出处：日产汽车）

可以说，以上两家公司都在让 AI 学习人的驾驶和状态，努力实现更加安全的驾驶辅助功能。

英伟达也在开发可以学习人类驾驶的汽车

在"CES 2017"上，德国的奥迪、戴姆勒等汽车制造商宣布将与美国的英伟达公司合作进行 AI 研发，力争实现汽车的全自动驾驶。英伟达计划采用自己的车载电脑"NVIDIA DRIVE PX 2"来处理自动驾驶所必要的传感器信息和地图数据。

为了实现完全不需要人的全自动驾驶，英伟达正在美国加利福尼亚进行验证试验。试验所用无人驾驶汽车为"NVIDIA BB8"，该车在平常的道路上或是城市的街区里都可以实现自动驾驶。

美国 NVIDIA 研发的自动驾驶车 "NVIDIA BB8"

（出处：美国英伟达）

　　不过，关于 NVIDIA BB8，在英伟达担任首席科学家及研发高级副总裁的 Bill Dally 认为，如何应对没有开过的道路和毫无预期的事件，对 AI 来说比较困难，有必要从人的驾驶动作中学习应对方法。因此，据说在 BB8 中设有通过学习 "传感器信息" 和 "人的驾驶" 来使自动驾驶更加安全的机制。

　　目前，AI 并不是万能的，大多都是对部分功能进行了特殊化的产物。在机器人和汽车上运用 AI，仍然需要人来对 AI 进行训练和完善。但从另一个角度讲，不同的训练方式可以让 AI 拥有多种多样的用途。也许不久之后，AI 在人类的训练下不断发展，形成各种各样的特性，甚至会实现人类从未设想过的功能。

（佐藤雅哉）

有关人工智能的十大误解

"人工智能（AI）的发展热潮迟早会结束"，日本人工智能学会会长山田诚二先生意味深长地说了一句。

电视、报纸、杂志，现在我们每天都可以在各种地方听到有关 AI 的事情。AI 已不再是 IT 供应商们的专属话题。无论是什么领域和业态，使用 AI 的服务和系统都越来越多。虽然无法搞清楚如今的 AI 热潮究竟是从何时兴起的，但一般认为这次热潮是从 2014 年左右开始加速发展的。由"第三次 AI 热潮"这一称呼可以知道，之前曾有过第二次 AI 热潮，而且在这一热潮后，AI 还经历过一段"寒冬期"。

山田会长是在读研时经历了第二次 AI 热潮，那也是他立志进行 AI 研究的契机。山田会长说："20 世纪 80 年代的 AI 热潮比现在的还要激烈。"当时，富士通、三菱电机、日立等几乎所有的大型企业都进行了 AI 方面的投资。

日本人工智能学会会长山田诚二先生，国立情报学研究所／总研大教授。

（照片提供：陶山勉）

在向山田会长抛出"发展热潮为什么会结束呢"这一问题后，得到的回答是"因为所有的热潮终将结束"。山田会长认为，当一种发展态势被称作"热潮"后，迟早会发生减退。他还说到，如果热潮继续渗透到企业生产和生活实际当中去，那就不再叫"热潮"，而是作为基础设施留存了下来。

深度学习促进创新

松尾丰先生，东京大学研究生院工学系研究科技经营战略学专业的特任副教授，他指出："一旦出现热潮，不管什么都开始被冠以 AI 的名号。"

据松尾副教授所说，第三次 AI 热潮主要由两部分构成。首先是深度学习（Deep Learning），"以深度学习为中心的创新约占全体的20%"。剩下的 80% 其实都属于原先的 IT 领域，只不过现在把它们也叫作 AI 罢了。

不过，松尾副教授并不是在否定将原先的 IT 叫成 AI 这件事本身。他认为叫成 AI 其实是一种拟人化的手法，这样更加便于理解，倒不是坏事。只是如果过度使用那种拟人化的手法，就无法区分 AI 能做哪些事情，不能做哪些事情了。松尾副教授还说："如果热潮过度发展，AI 的实力满足不了人们的期待，那样就会很危险。"

关于 AI，存在许多误解

"几乎没什么人对 AI 有一个正确的认识"，这是笔者在就 AI 进行采访调查时，不少有识之士的共同看法。他们异口同声地指出："AI 被误解的案例非常多。"

Works Applications 公司在其旗下的 ERP（企业资源计划）产品"HUE"里运用了 AI 技术。该公司董事长兼首席执行官牧野正幸先生曾说："在科幻小说之类的东西里，总是有非常厉害的 AI 出现，所以有很多与之相关的误解。"

亦贺忠明先生，Gartner Japan 研究部门 IT 基础设施 & 安全领域的副总裁兼顶级分析师，他表示："来自顾客的咨询数量大概增加到了十倍左右，但其中包含许多误解。"

据亦贺先生所说，在许多企业正努力引入 AI 并取得一些成就的同时，有关 AI 的臆想和误解也在增加。"在营销层面上利用 AI 的企业变多了，再加上一部分媒体的过度报道，这些都是造成误解的原因。"

亦贺先生整理了有关 AI 的十个误解，将其总结在了报告里。Gartner Japan 于 2016 年 12 月发布了该报告，以下将对其做简单介绍。报告中设想了企业对 AI 的利用，并在开头写到，为了进入下一阶段，必须要摒除一些关于 AI 的误解和不切实际的神话。

1. 现在已经出现非常聪明的 AI。
2. 只要采用 IBM Watson、机器学习、深度学习，谁都可以马上做到一些"厉害的事情"。
3. 存在名叫 AI 的单一技术。
4. 采用 AI 后，效果立见。
5. 因为"没有老师的学习"不需要进行教学，所以它比"有老师的学习"更好。
6. 深度学习最厉害。
7. 算法可以像计算机语言一样进行选择。
8. 存在那种谁都可以立即上手的 AI。
9. AI 是一种软件技术。
10. AI 终究是不可用的，所以没什么意义。

让我们来看看第一条和第二条。这是在说，目前人们误认为 AI 可以实现同人一样的智能，并且只要导入 AI 就可以取得神奇的效果。

2011 年，IBM 的 Watson 在一档名为 "Jeopardy" 的问答节目上获胜。2016 年 3 月，谷歌的围棋 AI AlphaGo 打败了世界冠军。一些对 AI 不甚了解的企业经营者和负责人听到这些消息后，可能会认为现在已经有"超厉害的 AI"，其性能已经超越了人类。

关于这里的"超厉害",其实解释起来比较麻烦。无论是 Watson,还是 AlphaGo,它们都是在特定的条件下,基于特定的目的而发挥出卓越的性能。虽然的确是"超厉害"的科技,但这并不意味着它们已经拥有同人一样的智慧。

带着这样的误解,有人会前来咨询"究竟哪种 AI 最优秀",想知道到底应该讨论引进哪种聪明的 AI。

对 AI 一概而论也好,抑或是只看 Watson 和 AlphaGo 也好,都无法进行简单的比较。Watson 和 AlphaGo 都是包含 100 个以上算法的集合体。即使将那些技术进行应用和导入,最终能够发挥什么效果,还是需要具体问题具体分析。企业如果想要进行利用,就不能忘记还必须要有可以很好地使用这些技术的"超厉害"工程师。

亦贺先生说:"即使买来 F1 赛车,也不是说就能开出世界第一的速度。拿着普通汽车的驾照,自然也无法成为 F1 赛车手。"

名叫 AI 的科学并不存在

笔者认为,最值得大家注意的是第三条误解:存在名叫 AI 的单一技术。

亦贺先生表示:"还有人问'是不是导入 AI 会更好?'但这其实是一个无法直接回答的问题。"因为 AI 是一种概念、想法、技术的总称。上面这个问题和"是不是引进某公司生产的中间设备更好?""是不是改用某公司提供的 IaaS(Infrastructure as a Service)更好"等问题,在可讨论度上就不一样。

因为名叫 AI 的单一技术并不存在。"然而,IT 供应商发布的产品大多都号称'搭载了 AI',我们却不知道实际究竟搭载了什么。"(亦贺先生)

为了能够对整体有所把握,有必要搞清楚究竟是什么搭载了 AI 以及提供的功能。如下页图,"和之前的系统结构(堆栈)对照,按照硬件、OS、中间设备、应用程序、解决方案等进行分类,这样有助于理解什么是 AI"(亦贺先生)。

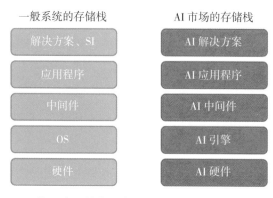

一般系统的存储栈

- 解决方案、SI
- 应用程序
- 中间件
- OS
- 硬件

AI 市场的存储栈

- AI 解决方案
- AI 应用程序
- AI 中间件
- AI 引擎
- AI 硬件

将 AI 与以往的系统构成要素进行对比整理
（出自：Gartner Japan）

这里的 AI 引擎指的是，通过 OSS（开源软件）上的框架、云服务 API 提供的功能。深度学习框架有美国谷歌的 "TensorFlow" 和风险企业 Preferred Networks 的 "Chainer" 等。云服务的话，有 Amazon Web Services（AWS）的 "Amazon Machine Learning" 等。

这样一来，我们就不会再问 "应该导入哪种 AI" 这样的问题，而可以开展更加深入的讨论。也能够不再局限于 AI，而是与先前进行系统开发时一样来讨论各种问题了。比如下面这些问题：可以设想一个什么样的应用程序，为此必要的引擎和功能是什么，以及应该着眼于什么来筹措硬件等。

理应提高 AI 人才的年薪

"日本在 AI 人才方面的投资较少"，这是笔者在进行采访时，除了关于 AI 的误解以外经常听到的评论。

据 Works Applications 的 CEO 牧野先生称，现在围绕人才猎取的竞争越来越激烈。如果想聘用主要来自亚洲国家的理科学生，谷歌和 Facebook 等公司都是竞争对手。

Works Applications 的 CEO（首席执行官）牧野正幸

"年薪如果没有 1000 万日元的话，一定会越来越难招到人。"（牧野先生）Works Applications 需要的人才是兼具数学素养和编程能力的"数据科学家"。

东京大学研究生院的松尾副教授说："企业如果想要雇用深度学习的研究者，其实可以把每人每年的经费定为 1 亿日元。"除去设备等投资，给 AI 人才的年薪应在 1500 万日元到 5000 万日元。因为对于那些以深度学习为武器来拓展业务的创业公司来说，工程师们创造的价值可以用亿日元为单位来计算。

Gartner Japan 的亦贺先生也说："在美国的 AI 人才招聘信息里，经常会给出 1500 万日元的年薪。然而再看看日本的招聘信息，年薪基本只在400 万日元到 600 万日元。"

亦贺先生还表示："除去对人才的投资，要想充分利用 AI，自己去尝试非常重要，不能全推给供应商。"买来机器学习的入门参考书进行学习，或者收看网络讲座等，这些都是可以做的。不掌握基础的知识和思维方式，就容易对 AI 产生误解。

让我们再来考虑一个问题。将来公司雇用了年薪逾一千万日元的 AI人才，但如果自己连基础知识都没有理解的话，或许就不能很好地与之交流。发出指示和说明项目需求时，也可能面临困难。

即使开始基础性的学习，与专业研究者相比，还是无法取得高水平的成果。但是，"失败也没关系。你慢慢会知道什么做得了，而什么又做不了"（亦贺先生）。如果觉得自己对 AI 可能有所误解，首先就需要进行实践尝试。让我们从消除误解这件事开始做起吧。

（冈田薰）

第 8 章
**人工智能开发的
难言之隐**

深度学习为何备受关注

2016 年 3 月，发生了历史性大事件。由 Google 旗下公司 DeepMind 开发的人工智能（AI）围棋程序 AlphaGo 以总比分 4:1 大胜了世界顶尖的韩国职业九段选手李世石。

虽然在国际象棋和日本将棋领域，AI 已经达到与世界顶级专业选手相当的水平，但在更为复杂的围棋领域，外界普遍认为 AI 还需更长时间才能达到顶尖水准。然而这一预想也被推翻了。

不仅仅限于围棋，AI 在业务系统中也大显身手。例如，瑞穗银行、MS&AD 保险集团应用 IBM Watson 程序来支持呼叫中心的运营。由此可见，AI 在面向金融机构的项目中正在稳步进展。

另外，在 2015 年就开始应用 IBM Watson 程序的东京大学医学研究所，AI 可以快速找出即使是专业医生也难以诊断的癌症。如此，我们可以看出 AI 的发展速度远超预期，应用领域也在不断扩大。

这一系列的成就作为推动力，掀起了 AI 的第三次发展热潮。就参与业务系统开发的 IT 工程师而言，如果掌握 AI 技术及相关技能和知识，现在可以说是大显身手的好机会。

因此，下面我们将概述 AI 的历史并解释最新的 AI 的机制和特性。此外，我们还将讨论 IT 工程师应如何面对 AI，以提高自身的积极性。

机器学习引发第三次发展热潮

首先，让我们来回顾一下 AI 的历史。走到现在，AI 经历了两次发展热潮。

20 世纪 50 年代到 60 年代，这一阶段 AI 的概念刚诞生，这是 AI 的第一次发展热潮期。我们试图通过推理、搜索的技术元素来表达与人类相似的智能。然而，尽管一些智力游戏和简单的小游戏得以开发出来，但并没有制造出一些实用的东西。

AI 的第二次发展热潮发生在 20 世纪 80 年代。在此期间，不断将人类专家的知识以规则的形式让人工智能进行机器学习，对于解决问题的专家系统的研究不断深入。虽然出现了 AI 应用到商业的实例，但由于应用范围有限，AI 的发展进入低谷期。人类教授 AI 规则比想象的要困难得多。

当前第三次发展热潮背后的驱动力是先进的机器学习达到了实用水平。机器学习实际上是一种技术，让计算机可以自动学习大量数据，像人类一样识别声音和图像，并做出最佳判断。

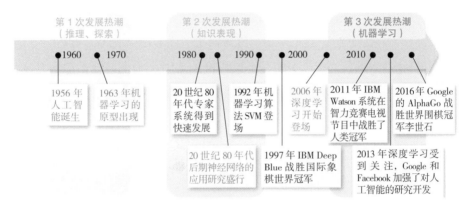

人工智能发展历史

其实机器学习本身并不是新的想法，原型早在 20 世纪 60 年代就已经出现，只不过花了很长时间，机器学习才达到了实用水平。由于机器学习需要大量的学习数据以及在学习过程中需要巨大的计算机资源，到了 20 世纪后期，我们终于能够以实用成本促成大数据系统构建。这之后我们才很容易地实现了大数据的积聚。与此同时，公共云的出现使用于学习数据的计算机资源变得更容易获得，机器学习也变得更普遍可用。

机器学习技术引发了 AI 的第三次发展热潮，这种学习技术中有多种学习方法。其中深度学习受到高度关注。深度学习是一种模仿人类大脑神经网络来学习大量数据的方法。这种方法于 2006 年出现。尤其是从 2010 年开始，美国知名 IT 公司如 Google、Microsoft、Facebook 都开始着手研究深度学习，研究成果也陆续出炉。例如，适用于 Apple 的语音助理 Siri 中的语音识别，Microsoft 的 Bing 图像搜索，等等。Google 已经在 1500 多个项目中使用了深度学习。

过多的人工介入成为传统 AI 的发展瓶颈

为何深度学习会有如此高的关注度？在比较当前使用 AI 的各种相关技术的应用领域和开发、运营成本后，我们能够知道其原因。例如，以 20 世纪 80 年代广受追捧的以专家知识为规则而编写的 AI，其应用领域是有限的。原因在于建立运行 AI 所需的规则是很困难的。出于这个原因，当前机器学习在困难的交互式系统引擎方面也应用有限。另外，机器学习作为当前 AI 技术的核心，与上述基于规则的 AI 相比具有更广泛的应用领域。垃圾邮件的分类，预测客户在 EC 网站上的需求并提出建议，等等，这些都是众所周知的应用。

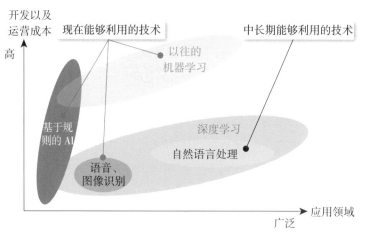

主流 AI 技术的应用领域、开发以及运营成本比较。深度学习不但扩大了 AI 的应用领域范围，与以往的机器学习方法相比还降低了开发以及运营成本，因此备受关注。

然而，除了深度学习以外的传统型机器学习，为了实行诸如分类和预测等任务需要决定必要的特征，而决定必要的特征所需的劳力和成本往往容易成为问题。人类通常能够在没有特别意识的情况下找到合适的特征。例如,如果想分辨红苹果和绿苹果,会以颜色信息作为特征进行区分。但是,传统型机器学习并不能提取应用于这种区分的特征。因此,人们有必要预先指示出将颜色信息作为特征进行区分。

人工介入的这些部分,会成为制造识别复杂目标系统的瓶颈。例如,有必要事先教给 AI,为了区分人脸,不仅要利用诸如眼睛和嘴巴之类的这种低级特征,还需要眼睛和嘴巴分布的关联这种高级特征。对于更为复杂的任务,很难去教给 AI 适当的特征,机器学习的精度也会陷入僵局。最终会使开发和运营成本增加,以提高机器学习的精度。

预期深度学习将会克服这种传统型机器学习的问题。在深度学习的情况下,AI 会自动从大量数据中提取执行任务所需的特征。换句话说,人类没有必要去决定那些需要被注意的特征,只要准备好大量的数据就可以了。AI 会在学习数据的过程中找出这些特征。

我们把这种通过数据学习特征的机制称为表达式学习。通过表达式学习,我们对于打破传统型机器学习局限性的期待会变得越来越高。

（古明地正俊，野村综合研究所）

深度学习的机制与应用

下面，让我们通过识别手写字符的例子来了解深度学习的基本机制。

模仿大脑神经回路的构造

为了学习大量的数据，深度学习使用了模仿人类大脑神经回路的构造（即模型化）来进行情报处理的神经网络。如下图所示，神经网络由"输入层""隐藏层""输出层"3层构成。学习数据是由输入数据（手写字符的像素数据）和正确数据组成。

学习上述神经网络时，首先将手写字符像素数据分割成像素单位，然后再将各像素单位值输入输入层。由于下图的模型被纵横各分解成了28点，故而共计排列有784个输入层。

接收了输入数据的输入层在把接收的数值进行加权算法后，传达给后段隐藏层的神经元（神经细胞，其作用相当于CPU）。

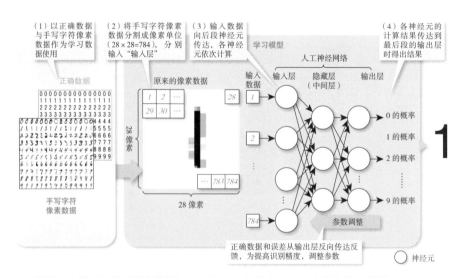

通过深度学习识别手写字符的机制。有手写字符（MNI ST）教师的机器学习例子

228

同样，隐藏层的各神经元将接收的数值全部相加后，会把得出的结果传达给后段的神经元。并且，由于上图的模型是 3 层的神经网络，所以虽然后段的神经元成了输出层，但是在深度学习中，隐藏层有两层以上的情况比较多。如果传达给最后的输出层，那么就会得到输出层的结果。

深度学习的学习相当于计算每个神经元输出的权重值，以便输出层的数值和每个输入数据的正确数据相等。我们将调整参数，以便我们可以得到正确的答案。一般来说，为了计算该加权，我们使用通过从输出层的正确数据反转传播误差来提高识别精度的"误差反向传播方法"。

在深度学习中，需要计算大量学习数据的权重值。调整权重值，以便输出数据的值与正确数据的值之间的差值对于任何输入数据都很小，并构建学习模型。

语音识别的发展

在学习了基本的机制后，让我们来了解深度学习的适用领域。主要分为语音识别、图像识别和语言识别三部分，各领域技术的发展水平也各不相同。

其中，尤其以语音识别领域发展得最为完善。2011 年左右，深度学习的利用开始引起了人们的注意。最近，通过深度学习处理部分语音识别已变得很普遍。具体而言，在短时间内从语音中估计音素（具有区分词义的功能的最小单位）的声学模型部分的利用正在发展。与过去的方法相比，深度学习的错误识别率下降了 10%。但是，如果外部的噪声过大，或者有余音，在这种学习环境和利用环境相差过大的情况下，深度学习的识别精度也会降低。

最近，我们正在努力通过利用语言模型来提高语音识别的准确性，主要是通过灵活运用每个单词或者句中单词与单词间的关联信息，以实现我们预期的目标。在语言模型中，已经使用了递归神经网络，它在自然语言处理领域被广泛使用。未来，如果自然语言处理技术与语音识别技术之间的合作加深，则可以期待识别精度的进一步提高。

"超越"人类的图像识别

随后的图像识别是目前应用最广泛的深度学习领域。PoC（Proof of Concept，即概念验证）正在蓬勃发展，实际应用也在不断发展。

深度学习的应用领域。实用化的语音识别商品发展迅速，图像识别商品的实用化就在眼前

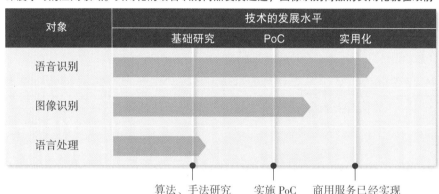

引起关注的是 2012 年举办的图像识别大赛"ILSVRC（ImageNet Large Scale Visual Recognition Challenge）"。在本次比赛中，多伦多大学的 Geoffrey E. Hinton（教授）使用深度学习将错误率控制在 16%，以领先传统方法 10 分以上的巨大优势取得了胜利。

此后，深度学习图像识别的准确率继续提高，2015 年的比赛中错误率降低到 5% 以下。ILSVRC 任务的人为错误率大约是 5.1%，并且在像静止图像的分类这样的简单任务中，深度学习已经实现了比人类更高的识别率。最近，深度学习图像识别所处理的已不是上述这样简单的任务，而是朝着将物体以像素水平进行分离的市场划分领域以及动画图像处理领域发展。

UI 改良和自动操作应用的发展

上文提到了语音识别和图像识别，其技术发展水平不断提高，商业

用途也正在逐渐增加。例如，语音识别技术正在扩展到消费领域，如上面列出的 Apple Siri，以及能够用语音进行操控的亚马逊智能音箱 "Amazon Echo"。我们预计，语音识别技术可以通过使人与 IT 系统之间的接口比以往更自然这一优势来增加利用 IT 的机会。

制造业方面对于图像处理领域的深度学习的期待也在不断提高，例如来自机器人制造商和汽车制造商的投资日渐增多。

图像识别的应用实例也变得越来越广泛。例如，图像识别是实现汽车的自动驾驶最重要的技术，这点想必大多数读者都知道。除此之外，在 EC 网站根据图像检索商品这样的行为越来越常见的可能性也很高。在医疗领域，根据图像诊断病情也将成为有力的应用。在制造业领域，除了汽车以外，工厂的产品分类和质检也开始使用图像识别。此外，提供以上服务的创业企业也日益增加，图像识别说是大热的领域也不为过。

（1）自动驾驶

（2）商品检索

类似商品，这里有合适的吧？　利用拍摄的照片进行检索　网购的系统

顾客

（3）病因诊断支援

患××病的风险

（4）发现不合格商品

不良

深度学习图像识别的应用例子

今后发展所期待的自然语言理解

虽然语音识别和图像识别取得了卓著成果，但是自然语言处理领域取得的成果却十分有限。深度学习并不一定比现有方法更有效。自然语言处理大部分的任务是以使用形态分析和依赖分析等现有方法为主，不过，传统的机器学习现在也仍在被广泛应用。深度学习所适用的领域则局限于新闻的摘要和欧美语言间的翻译之中。

尽管如此，在研究层面上，深度学习的应用正在取得进展，也取得了许多有趣的成果。用几百维度的固定长向量来表示单词和文章的意思的"分散表现"便是其代表。

在传统的自然语言处理中，经常使用具有几十万到几百万维度的形式"one-hot"的向量，这是该语言的词汇表的数量。在表示特定单词的时候，向量中只有相当于那个单词的要素用"1"表示，余下的都用"0"表示。另一方面，很难使向量的方向和大小有意义。

另一方面，在分布式表示中，单词和句子由约 200 个维度的向量表示，并且值（信息）被分配给向量的每个维度。这使得表示向量的方向和大小变得容易。

关于分散表现的想法以前也存在过。只是由于生成有意义的分散表现需要大量的学习时间，所以一直没有被使用。

Google 改变了这一状况。该公司通过使用神经网络，在 2013 年提出了高速构筑分散表现的方法。该公司的方法，使数小时内学完数 G 字节的文本成为了可能。Google 将这一方法公布在了一款名为"Word2vec"的开源软件上。这一做法使很多自然语言研究者利用分散表现成为了可能。

Word2vec 的特征是可以演算表示单词的向量。例如，计算"KING-MAN+WOMAN"的话就能得到"QUEEN"的分散表现的值。由于计算向量就能得到单词的意思，当出现未知单词的时候，便可以通过其他向量的值来推算出未知单词的意思。

単词意思的数字化 通过计算单词的意思进行理解

単词　　　　数字化
　　　　　　　　　　　　　200 个维度的向
KING　　＝　(a₁,b₁,……)　量来表现

QUEEN　＝　(a₂,b₂,……)
　　　　　　　　　　　　　KING- MAN+ WOMAN = QUEEN
MAN　　＝　(a₃,b₃,……)

WOMAN　＝　(a₄,b₄,……)

美国谷歌的"Word2vec"

　　这个特征同样也可以适用于企业的 IT 系统。构建问答系统的例子应该
会很容易理解吧。目前，这样的系统具有特定行业的专用术语和专有名词，
如特定公司的商品，这是因为为这些单词创建字典的人力资源丰富。如果
有一种机制可以像 Word2vec 那样通过算术来推断单词的含义，那么字典
创建的劳动节省便也不无可能了。

（古明地正俊，野村综合研究所）

5 年间增长迅猛的 AI 架构

深度学习的代表 AI 的适用范围与日俱增。即使在企业的 IT 系统里也可以看到令人期待的成果。因此在不久的将来，IT 工程师提出并开发灵活运用 AI 的方案等也绝不再是新奇之事了。

对 IT 工程师而言，可谓是拓展了他们大显身手的空间。所以在此，让我们来了解一下围绕灵活运用 AI 系统的开发状况。灵活运用 AI 系统的开发和已存的业务体系的开发存在较多的差异，刚开始可能会有诸多困惑。

想特别提醒的是开发的程序问题。利用机器学习的系统是不会定义处理缺陷的。同时在构筑体系的时候，同必要条件相对照来评判准备性是一件较难的事情。此外，利用深度学习的系统，其内部处于"黑匣子"状态。正如之前所讲述的，此前完成任务必须由人来决定特征，深度学习省去了这部分人力。这给拓展适用范围带来巨大优点的同时，也意味着人类是不可能明白系统正在利用什么样的特征。因此，如果性能等发生故障，系统性的应对解决是很困难的。

为了尽量避免此类问题的发生，客户企业的 IT 部门和使用部门，以及推销商的 IT 工程师应该合作，通过实证等来不断积累经验是至关重要的。而且，为了推进此类活动，对尖端技术和业务双方来说，不可或缺的是精通此方面的人才。

多种架构不断问世

在活用 AI 体系时，如何构建基础也是一个很大的课题。在机械学习中，为了满足学习所用的庞大的数据存储器，以及计算处理的数据资源也是不可或缺的。更重要的是,组合多种中间软件并灵活运用的技能同样是必不可少的。

因此，使用大众服务便成为一个有力的选择。作为机器学习的大众服务，有美国的亚马逊网上服务（AWS）的"Amazon Machine Learning"，谷歌的"Cloud Machine Learning"，IBM 的"IBM Bluemix（Watson）"，微软的"Microsoft Azure Machine Learning"，等等。利用这些服务或 API 的话，可以控制软件和硬件的导入成本，进而活用机器学习。

但是，具备开发深度学习平台功能的云服务也是寥寥无几，多数情况都是事先构筑好软件和硬件。接下来让我们来了解软件和硬件的相关动向。

关于软件，2012 年之后，众多的架构公开问世。其中美国加利福尼亚大学提供的"Caffe"，加拿大蒙特利尔大学的"Theano/Pylearn2"等，在研究者中被广泛运用。

2015 年日本的 Preferred Networks 以及美国的谷歌竞相公开了各自的"Chainer"和"TensorFlow"。Chainer 在记述深度学习的构造时，可以运用 Python 的控制代码。同其他架构一样，由于不需要特殊的语言，所以可以比较灵活地记述多样化 / 复杂化的深度学习的网络系统。TensorFlow 则更容易并行处理多个设备，原因在于可以快速地执行大规模的数据处理。

除此之外，谷歌还提供了"TensorFlow Playground"之类的工具。"TensorFlow Playground"可以将学习课程可视化，由于是网页版的 APP，所以不需要构筑硬件、软件的实施环境就可以使用，对想要了解基础机器学习的 IT 工程师来说很实用。

（神经回路网的构成和学习环境的可视化）

美国谷歌公司"TensorFlow Playground"的页面。适合于理解神经回路网的构造，无须构筑书库等的执行环境即可使用。

（出处：https://playground.tensorflow.org）

通过 GPU 和 FPGA 来缩短学习时间

我们来看硬件系统的话，GPU 的使用已经较为普遍。GPU 由众多芯片构成，比普通的 CPU 在并行处理数值计算方面速度更快。虽然原本的用途是处理图形的高速化，但在机器学习中也发挥了此优势。

在协调众多 GPU 数据时需要相应的成本，但近来众多的 IaaS 推销商却提供了一种 GPU 假想机器。这样的话利用云服务也是可以的。

另外，为了实现优于 GPU 的一定电力消耗下的演算性能，大家都在积极采用其他的方法。例如其中之一就是被称作利用集积回路原理的 FPGA。微软在自己公司的搜索引擎 Bing 的自然语言处理中，使用了搭载 FPGA 的专用数据。此外，2015 年美国的英特尔收购了大型 FPGA 推销商——美国的 Altera 公司，可以看作是与此举的相互呼应。不久的将来，英特尔的 CPU 家族里，以某种形式载入 FPGA 功能的可能性极高。

第二个趋势是在机器学习中开发固化的专用处理器。比如谷歌开发了深度学习专用处理器的配置 "Tensor Processing Unit（TPU）"，2016 年 5 月的发布会上谷歌指出，该技术于 2015 年已经开始使用。

据谷歌官方消息，TPU 的平均耗电量性能是 GPU 和 FPGA 的 10 倍。此种 TPU，也应用在了谷歌的 Cloud Machine Learning 和 AlphaGo 系统中。

作为代替 GPU 的第三种方式，将 AI 技术应用于量子计算机的研究已经展开。 这是由于目前实用性较强的 "量子退火算法[注]" 的量子计算机，与通过排列组合得出最优解的机器学习的学习处理方式相同，在解决各种数学问题方面具有非常强大的优势。

目前美国和欧洲已经开始了由政府主导的适用于 AI 的量子电脑的战略性投资。此外，据说谷歌已经在积极推进量子电脑的自主开发。

（古明地正俊，野村综合研究所）

注：制作产生量子力学物理现象的"实验装置"，将物理现象与数学上的相关问题进行对比匹配，进而实现高速计算。1999 年东京工业大学的西森秀稔教授提出此理论，2013 年加拿大的 D-Wave Systems 将其商业化。

熟练使用 AI 的必备技能

灵活运用深度学习的环境变化比较剧烈。即使是已经达到了实用水平的语音识别和图像识别，其基础研究水平也在不断改进。为了追赶此类尖端的技术改良，很有必要搜索最新的论文研究成果。需要具备诸如鉴别最优技术、构筑熟练使用各种工具的体系的"敏锐眼光"，可能很多人会认为这"门槛很高"。

人才不足问题严重

现实情况是能够熟练使用最尖端的 AI 技术的人才少之又少。因此，在美国以网络公司为中心，争夺炙手可热的人才竞争愈演愈烈。

例如在 2013 年，谷歌收购了多伦多大学的 Hinton 先生设立的 DNNresearch，他是在 ILSVRC 中获胜并引起 AI 热潮的中心人物。Facebook 在设立的研究所聘用了 Hinton 先生的学生——纽约大学的 Yann LeCun 教授。丰田汽车制造、Recruit 等纷纷在美国设立 AI 研究所，积极策划人才引进。

相反，正因为此类人才大量缺乏，对 IT 工程师来说只要学会了 AI 技术就是一种强大的优势。虽然一下子学会 AI 相关的技能有点困难，但是阶段性的学习还是有可能的。

比如说，谷歌的 Cloud Machine Learning 中，架构的 TensorFlow 可以当作云服务来使用。此外，谷歌的"Cloud Speech API"和微软的"Microsoft Cognitive Services"是使用深度学习开发的 AI 服务。为用户提供图像识别和语音识别的 AI 技术 API 的相关服务。用户只需记住相关执行代码，就可以进入本公司应用程序的语音识别和图像识别的 AI 中。这样一边灵活运用此服务，一边推进技术学习，也不失为一种好办法。

图像处理和分散处理的必备知识

与 AI 本身的技术有所不同，为了熟练使用 AI，有很多需要 IT 工程师掌握的知识和技能。接下来让我们按顺序从程序开发和基础构筑的领域出发分析。比如，在程序开发时，如果活用深度学习的图像识别，从图像数据除去噪声、从特定领域抽取数据等，需要 IT 工程师提前学习图像处理的技能。同样，为了处理自然语言也有必要了解形态素解析等方法论的知识。

灵活运用此类知识，通过合理的数据学习，可以大大提高学习效率。理由在于，它和为了在分析大数据时提高精确度，需要具备 ETL（Extract/Transform/Load）和数据的清理等事前处理技能是一样的。而且近来"OpenCV"之类的图像处理书库、与自然语言处理相关的书库作为公开资源可以自由使用。此类书库的用法也需要工程师熟练掌握。

相关的基础知识也尤为重要。大规模的学习处理需要花费相应的时间。模型做成之后，学习需要花费数月到半年的时间也不足为奇。因此需要最大限度地灵活运用电脑资源，高效率地执行任务。比如，具备以下知识是较理想的，与分散处理的架构"Apache Spark"等相关的知识、GPU 存储器、意识到编码符号化的演算装置的构成，等等。

为了熟练使用人工智能，IT 工程师应该掌握的技能和知识

领域	需掌握的知识和技能
AI 关联技术	机器学习相关的知识
应用程序开发	消除噪声、提取领域等处理图像的技能 形态素解析等处理自然语言方法的知识 图像处理和语音处理的书库使用方法相关的知识
基础构建	使用 Apache Spark 等平行处理的相关知识 意识到 GPU 存储器以及演算器构成的编码能力

在此类知识技能之上，IT 工程师也请务必多磨炼和高层对话的能力。存在对 AI 报以过高期待的领导层，却很少有领导层抱有这样的危机感：精通 AI 技术的人才不足。因此 IT 工程师需要在正确理解 AI 的功能、限制以及课题后，合理准确地和高层进行沟通。

（古明地正俊，野村综合研究所）

图书在版编目（CIP）数据

完全读懂 AI 应用最前线 / 日本日经 BP 社编；费晓东 译 .—北京：东方出版社，2018.8
ISBN 978-7-5207-0489-2

Ⅰ .①完… Ⅱ .①日…②费… Ⅲ .①人工智能－普及读物 Ⅳ .① TP18-49

中国版本图书馆 CIP 数据核字 (2018) 第 150425 号

MARUWAKARI AI KAIHATSU SAIZENSEN 2018 written by ITpro , Nikkei Computer , Nikkei
SYSTEMS , Takayuki Matsuyama.
Copyright ©2017 by Nikkei Business Publications,Inc . All rights reserved.
Originally published in Japan by Nikkei Business Publications,Inc.
Simplified Chinese translation rights arranged with
Nikkei Business Publications,Inc.
Through Hanhe International(HK)Co.,Ltd.

本书中文简体字版权由汉和国际（香港）有限公司代理
中文简体字版专有权属东方出版社
著作权合同登记号 图字：01-2018-2479

完全读懂 AI 应用最前线
（WANQUAN DUDONG AI YINGYONG ZUIQIANXIAN）

编　　者：日经 BP 社
译　　者：费晓东
责任编辑：张凌云
出　　版：东方出版社
发　　行：人民东方出版传媒有限公司
地　　址：北京市东城区东四十条 113 号
邮政编码：100007
印　　刷：小森印刷（北京）有限公司
版　　次：2018 年 8 月第 1 版
印　　次：2018 年 8 月第 1 次印刷
开　　本：710 毫米 ×1000 毫米　1/16
印　　张：15.5
字　　数：215 千字
书　　号：ISBN 978-7-5207-0489-2
定　　价：69.80 元
发行电话：（010）85924663　　85924644　　85924641